（ISO 9001）（ISO 14001）（ISO/IEC 27001）
（FSSC 22000）（ISO 45001）（IATF 16949） 対応

内部監査のための
マネジメントシステムの
重要ポイント

内藤壽夫【編著】	平林良人	青木恒享	市川　章【著】
元廣祐治	鈴木浩二	清水豊彦	中根浩次
	崎山利夫	加藤奈美	富井　勉
	生垣　展	石井順子	中村玲子

日科技連

本書は、ISO 9001 規格、ISO 14001 規格、ISO/IEC 27001 規格などという表記で規格条文を掲載していますが、それぞれ JIS Q 9001 規格、JIS Q 14001 規格、JIS Q 27001 などからの引用です。また、JIS Q 9001 規格、JIS Q 14001 規格、JIS Q 27001 などを引用するに当たり、（一財）日本規格協会の標準化推進事業に協賛しています。なお、これらは必要に応じて JIS 規格票を参照してください。

まえがき

　ISOのマネジメントシステムが、わが国に導入されて約25年になります。一部の行政が、入札時の評価にISOのマネジメントシステム認証取得を加点したり、また多くの組織が取引先に認証取得を要請したこともあって、一時はISOのマネジメントシステムの構築や認証取得が一種のブームとなりました。しかし、このことは一方ではISOのマネジメントシステムの本質の理解や自組織に本当に役立つかの吟味などが不十分で、形だけのシステム構築や運用が一部で見られる状況を生み出しました。

　本書の第1章で触れるように、現在わが国は大きな変化に直面しています。これに対応するには、伝統的な日本のマネジメントだけでは、対処できません。ISOなどのマネジメントシステムの背景は明らかに異文化のものです。異文化への対応、異文化の良いところを取り入れるだけでなく、今一度現在におけるISOのマネジメントシステムの意義や役割を見直して上手に活用していくことが、難局に対処する有力な方法の一つとなります。

　わが国のISOマネジメントシステムの認証取得数は、各種すべてを合わせると8万件を超すといわれます。マネジメントシステムを底辺で支える内部監査員の総数は、2種類以上のマネジメントシステムの監査員を兼任する方々を含めて数十万人と推定されます。本書は、こうした内部監査員の方々に、ISOのマネジメントシステムの意義や、規格の意図をできるだけ平易に理解していただくこと、真にISOのマネジメントシステムの活用を図っていただくことを最大の目的としています。

　内部監査の進め方に関しては、既に多くの書籍もあります。また、規格の解釈に関する本も多数あります。規格の厳密な解釈や、監査の指針であるISO 19011の紹介はこれらの書籍に譲り、ISOのマネジメントシ

ステムの意図やその背景にある考え方を内部監査員の方々に実践していただきたいという思いから、相当に思い切った記述をしている箇所もあります。また、従来の内部監査のチェックリストの枠を越えた実践的なチェックリストを作成できるように、業務改善やヒューマンエラーなどの予防の種を提供しています。

　本書の特徴は、品質、環境、情報セキュリティ、労働安全衛生、食品安全、自動車産業の各種マネジメントシステムに対する内部監査の概要、目のつけどころ、チェックリストの例などを解説し、実務への応用へとつなげているところにあり、本書一冊で上記のマネジメントシステムを総合的に学ぶことができることです。

　最後になりましたが、斯界の権威であり、ISOのマネジメントシステムの草分けである㈱テクノファの平林良人会長ならびに同社の青木恒享社長には、内部監査の活性化を願ってご執筆いただきました。本書にご寄稿いただいた著者はいずれもISOのマネジメントにおいて長年審査員や講師、コンサルタントとしてご経験豊かな方々です。ご多忙を押してご協力いただいたことに厚く御礼申し上げます。また、㈱テクノファの石井順子部長補佐には、自らのご執筆に加えて全体をとおしてさまざまなご尽力をいただきました。日科技連出版社の戸羽節文社長には、出版業界がことのほか苦境にあるなか、本書出版の意義を認めていただき、出版をご支援いただきましたこと改めて厚く御礼申し上げます。また、鈴木兄宏部長、田中延志係長には、誠に辛抱強く本書誕生まで多大のご尽力をいただいたことに深謝します。

2018年9月

著者を代表して　内藤壽夫

目　次

まえがき……………………………………………………………………… iii

第1章　ISOのマネジメントシステムに取り組む意義を見直そう … 1
1.1　わが国の伝統的なマネジメントの特徴　　1
1.2　ISOのマネジメントの特徴　　1
1.3　今後のマネジメントの方向性　　2
1.4　ISOのマネジメントシステムの共通の仕組み　　3

第2章　よりよい内部監査に向けて ……………………………………… 7
2.1　内部監査のあるべき姿　　7
2.2　内部監査員になるという意味、意義　　17
2.3　リスクの未然防止と内部監査　　25
2.4　会議室を出よ、現場に行こう　　30
2.5　内部監査に対する着眼点　　38
2.6　内部監査の計画　　40
2.7　内部監査員の力量向上に向けて　　43
2.8　内部監査と第三者審査　　44
2.9　内部監査の視点と役割　　45

第3章　品質マネジメントシステム内部監査の実践的なポイント … 47
3.1　プロセスとは　　47
3.2　プロセスアプローチとは　　50
3.3　品質マネジメントシステムの主な要求事項について　　51
3.4　品質マネジメントシステムが必要な主な背景　　60
3.5　関連法令や主な顧客要求事項　　63

3.6 監査の主な目のつけどころ 67
3.7 現場監査の目のつけどころ 70
3.8 チェックリストの例 71
3.9 ベストプラクティスの例 78

第4章 環境マネジメントシステム内部監査の実践的なポイント … 83

4.1 環境マネジメントシステムが必要な背景 83
4.2 環境関連法令 85
4.3 ISO 14001 規格の狙いと内部監査員の着眼点 86
4.4 現場監査の目のつけどころ 104
4.5 ベストプラクティスの例 105

第5章 情報セキュリティマネジメントシステム内部監査の実践的なポイント ……………………………………………… 107

5.1 情報セキュリティマネジメントシステムが必要な主な背景 107
5.2 関連法令と主な要求事項 108
5.3 監査の主な目のつけどころ 108
5.4 現場監査の目のつけどころ 117
5.5 チェックリストの例 120
5.6 ベストプラクティスの例 120
5.7 費用をかけずにできる基礎的なセキュリティ対策 122
5.8 増加するサイバー攻撃への対処法 124

第6章 労働安全衛生マネジメントシステム内部監査の実践的なポイント ……………………………………………… 129

6.1 労働安全衛生マネジメントシステムが必要な理由と ISO 45001 の誕生 129
6.2 関連する法令、指針など 130

- 6.3　監査の主な目のつけどころ　132
- 6.4　現場監査の目のつけどころ　138
- 6.5　チェックリストの例　141
- 6.6　ベストプラクティスの例　144

第7章　食品安全マネジメントシステム内部監査の実践的なポイント　147

- 7.1　食品安全マネジメントシステムが必要な理由　147
- 7.2　食品安全にかかわる規格　150
- 7.3　内部監査のポイント　155
- 7.4　ベストプラクティスの例　162
- 7.5　食品工場での失敗事例　163

第8章　IATF 16949内部監査の実践的なポイント　171

- 8.1　自動車産業品質マネジメントシステムが必要な背景　171
- 8.2　顧客固有要求事項(CSR)　172
- 8.3　監査の主な目のつけどころ　173
- 8.4　現場監査の目のつけどころ　180
- 8.5　チェックリストの例　184
- 8.6　ベストプラクティスの例　185

第9章　さらなる改善に向けて　187

- 9.1　法令等にどのように対応すればよいか　187
- 9.2　すべてのマネジメントに共通なヒューマンエラーの予防のチェックリスト　190
- 9.3　業務改善のためのチェックリスト　194

引用・参考文献 …………………………………………………………… 207
索　　引 …………………………………………………………………… 210

コラム

① 5W1H　5
② SDGs　5
③ 外注・下請けとの関係　81
④ ESG　105
⑤ GDPR（一般データ保護規則）　126
⑥ 食品安全上問題となった事故・事件事例　148
⑦ ISO 22000　150
⑧ HACCP（Hazard Analysis and Critical Control Point）　151
⑨ 本来の事業プロセスとISOのマネジメントシステムの一体化　169
⑩ 中国サイバーセキュリティー法　205

第1章
ISOのマネジメントシステムに取り組む意義を見直そう

1.1 わが国の伝統的なマネジメントの特徴

　わが国のマネジメントは、当然われわれ日本人が培ってきた文化や社会的慣行、ものの考え方に根差しています。例えば、高度成長時代に力を発揮した終身雇用、企業別組合、年功序列は、崩れている面も多々ありますが、なお、色濃く残っています。

　長く少数を除いて同じ言語、文化に支えられた日本人は多くのことを、"主語"なしでも理解でき、組織内でも暗黙の了解、以心伝心に頼ることが多いといえます。

　さらに、意思決定はトップダウンより、ボトムアップといわれる傾向があり、稟議制が多いでしょう。その結果、意見の偏りを防ぐことができます。また、人間関係が重んじられ、話し合いが中心となるなど、根回しや協調性が強調されるという特徴を挙げることができます。また、調和と秩序のとれた集団的行動ができたり、仕事を互いにカバーし合うなどは優れた点です。しかし、時代とともにこれら良い面と思われていた日本の制度・考え方が変化しています。

1.2 ISOのマネジメントの特徴

　国際標準規格であるISOのマネジメントシステム(以下、MS)は、欧米をはじめとする異文化にもとづくマネジメントの考え方が背景にあります。その特徴は例えば、以下のような点です。

- 合理的な目標管理と成果重視
- 同じ過ちや事故およびクレームなどの再発防止の徹底
- 法令等の順守の仕組みよる利害関係者の信頼獲得
- リスクの予防(事業継続の観点からも重要)
- 目に見える管理、透明性の高い管理
- 手順書作成などによる作業の標準化
- 客観的な証拠(記録や現場の状態など)にもとづいた合理的な判断および改善などの実施
- 内部監査の活用によるパフォーマンス改善
- プロセスの管理とプロセスアプローチの活用によるパフォーマンスの向上
- 戦略的に内外のコミュニケーションを行うことによるクレーム、事故、不祥事などにかかわる情報の開示

1.3　今後のマネジメントの方向性

　多くの組織にとって、海外との取引、M&A、外国人の雇用へのかかわりは今後ますます増えると予測されます。このことは、日本の人口が減少するなか、外国人労働者が増加(約129万人：2017年10月現在[1])していることからも推測できます。そうなると、あうんの呼吸でやってきたわが国のマネジメントだけでは言語・文化・習慣の違いから対応することが困難となります。

　国際標準であるISO 9001は、「品質保証や顧客満足度の改善について、顧客側から見て十分かどうか」という観点から要求事項が規定されています。しかし、わが国の企業は長い間供給者である自組織の視点に

---

1) 厚生労働省：「報道発表資料　2018年1月26日(金)掲載」「「外国人雇用状況」の届出状況まとめ(平成29年10月末現在)」(https://www.mhlw.go.jp/stf/houdou/0000192073.html)(アクセス日：2018/8/21)

立った組織運営を行ってきました。このことが昨今の企業不祥事（検査データの改ざん問題など）を引き起こしている一因ともいえます。

前節で触れたように、ISOのMSにはさまざまな特徴があります。作業の標準化や、データにもとづく実証主義などもその例です。しかし、ISOのMSがわが国に導入されたとき、このような説明がなく、いきなり上から「手順書を片端から作れ、記録をとれ」といわれたとすれば、特に現場のISOに対する負担感が一気に増し、その結果「ISOのMSは仕事を増やす」といった声が上がったのは当然のことだといえます。中小企業では、企業管理の仕組みが十分とはいえず、経営者の力量や判断に依存することが多いといえますが、一方で経営者が先頭に立ってISOのMSを活用している事例が多いことも事実です。大組織であってもISOのMSの特徴を理解し、うまく活用しきれているでしょうか。

昨今、働き方改革に象徴される仕事の効率化や生産性向上が現場に強く求められています。「改善」は日本の得意技かもしれませんが、その基本は事実にもとづいた合理的なマネジメントを行うことで達成できるものであり、決して根性論で解決するものではありません。また、変化の激しい時代の迅速な意思決定は不可欠です。このような観点からも異国文化由来のISOのMSの特徴を改めて振り返ることは意味のあることだといえます。つまり、今後の日本のマネジメントは、伝統的なやり方と、ISO流のアプローチをうまく組み合わせること、あるいは、局面に応じて使い分けることがより重要になるといえます。

1.4 ISOのマネジメントシステムの共通の仕組み

ISOのMSは、現在約100件あるといわれます。ISOでは、MSとして共通の枠組み（共通テキスト）を設定し、規格作成時にこれに従うことを求めています。

共通テキストの主な狙いは以下のとおりです。

- 経営的視点に立って、組織を取り巻く内外の課題、利害関係者のニーズおよび期待を踏まえることを枠組みに取り入れている。
- 組織の事業プロセスへ個別MS（例えば、QMS）の要求事項を統合する。
- MSにおける経営者の役割を強化する。
- すべてのMSは、PDCAを軸に運用される。
- すべてのMSには、リスク（潜在的な脅威）と機会（実現すれば好ましいこと）が存在し、これらに取り組む必要がある。
- MSの構築と運用の狙いの一つに予防的活動がある。予防的活動は、課題に計画段階から織り込んで、MSの運用全体を通じて取り組むことが望ましい。従来の予防処置は、是正処置の水平展開や、実務レベルでの改善提案的なレベルの取組みなどが多い。こうした取組み自体は否定しないが、用語としての予防処置は規格のなかでは使用しないことにする。
- 情報の媒体が多様化し、従来の紙ベースの媒体に加えて特に電子媒体の活用が広く普及している。そこで、従来の文書・記録を併せた「文書化した情報」という用語を規格のなかでは使用する。管理の方法も多様化した媒体に対応しなければならない。また、文書化した情報の作成の必要性、程度、範囲は組織のニーズにもとづく。

なお、共通テキストは10章の章立てからなり、ISOが管理するすべてのMS規格はこれに従うことを求めていますが、このことについては多くの書籍で解説されていますので、本書では触れません。

【コラム①】 5W1H

　日本には「以心伝心」「あうんの呼吸」「忖度」「行間を読む」などの言葉があります。「思いやり」や「おもてなし」もそうですが、日本文化の良いところの一つは、相手の気持ちを察することに長けている点です。反面、ビジネスの場では、「理解してもらった」「合意を得た」と思い、言葉に出して確認しないままだと、行き違いが生じます。また、日本語は主語や文末が不明確でも文章として成り立ち、読み手も前後の文章で趣旨を読み取ることをします。

　手順書などは、5W1Hに留意し、主語から文末まで明確にする必要があります。例えば、「製造計画を作成」だけでは、「誰が作成したのか」「いつまでに作成する予定なのか」「作成することを指示しているのか」がわかりません。このとき、画像や動画を活用し、わかりやすくする工夫に加え、「なぜその作業が必要か」を伝えることが大事です。納得して作業するのと、言われたからただ従って行うのは全く違います。

【コラム②】 SDGs

　国連は、持続可能な開発目標(Sustainable Development Goals：SDGs)を含む「持続可能な開発のための2030アジェンダ」を2015年に採択しました。SDGsは、われわれが望む、また次世代につなげていくための「持続可能な社会」の理想像と、その実現を目指した「世界を変えるための17の目標」と、関連する169のターゲット、230の指標を明示しています。また、環境・衛生・人権など幅広く含んでいます。SDGsは、強制的なものではありませんが、世界各国において、「企業がビジネスとしてどのようにこの目標達成に取り組んでいくか」が求められています。

> SDGsは、すでに欧米中心に拡大しているESG（環境、社会、ガバナンス）投資とも今後関連づけられてくることが考えられます。
>
>
>
> SDGへの取組みは、ESGと密接な関係をもつと考えられ、SDGsへの積極的な取組みは融資を呼び込む大きな柱になると思われます[2]。

---

2) 国連広報センター：「SDGsのロゴ」(http://www.unic.or.jp/activities/economic_social_development/sustainable_development/2030agenda/sdgs_logo/)

第2章
よりよい内部監査に向けて

2.1 内部監査のあるべき姿

2.1.1 内部監査の目的

　内部監査は、各種ISOマネジメントシステム規格の中心に位置する重要な要求事項です。筆者(平林)がその昔、英国に駐在した頃(1989年)、ISO 9001:1987に関して、ある方に「20箇条ある要求事項のなかで特に重要なものを教えてください」と質問したとき、即座に「『箇条17　内部監査』です」と答えてもらったことを思い出します。

　内部監査の目的は、組織のマネジメントシステム(以下、MS)が次の3点のようになっていることを確認することであると規定されています。

---

① 　MSに関して、組織自体が規定した要求事項
② 　ISO MS規格(ISO 9001、ISO 14001など)の要求事項
③ 　MSが有効に実施され、維持されていること

---

　③では「組織のMSが有効に実施されているか」「維持されているか」を内部監査で確認しなければならないとしています。そこで、本節では、「組織のMSが有効に実施されている、維持されていること」を内部監査で確認するポイントについて述べていきたいと思います。

　内部監査のあるべき姿は、いろいろな観点からいくつか挙げることができますが、一つだけ挙げるとすると、筆者は次のことが重要であると

思っています。

「組織の事業プロセスを軸に監査する。特定の規格の箇条を軸に監査はしない」

以降の 2.1.2 項〜 2.1.4 項を順次読んでもらうことで、内部監査のあるべき姿を理解してもらいたいと思います。

2.1.2 ISO マネジメントシステム規格の狙い

ISO は正式名称の"International Organization for Standardization（国際標準化機構）"が示すように、製品・サービスの「標準化」を進めてきた国際 NGO（Non-Governmental Organization：非政府組織）です。1926 年、第一次世界大戦終了後の荒廃した欧州の地に、その後に ISO となる前身の ISA（International Federation of the National Standardization Associations：万国規格統一協会）が設立されました。

同時期に設立された組織に ILO（International Labor Organization：国際労働機構）がありますが、こちらは国連の一部となっています。どちらもスイスのジュネーズに本部があり、世界の人（ILO）や世界の製品・サービス（ISO）の交流を通じて平和な世界を築く目的で設立された組織です。

ISO は前身の ISA 時代から続く 90 年余の歴史のなかで、約 20,000 件の製品・サービスの規格を制定してきました。JIS（日本工業標準規格）の数が約 10,000 件ですので、ISO は JIS の 2 倍の規格を制定してきたことになります。ISO は世界の人々が使用する製品・サービスの規格化を通じて、互換性、安全性、高品質性などの利便を提供してきましたが、さらに製品・サービスを市場に提供する源泉である組織そのものについても標準化の光を当てることを企画しました。その結果、制定された約 100 種類の規格を「マネジメントシステム規格」とよびます。

その最初の規格は、1987 年に発行された品質保証のモデル規格、ISO 9000 シリーズ（ISO 9001、ISO 9002、ISO 9003）です。これら 3 種類の

規格、すなわち「設計プロセスがある組織向け ISO 9001」「設計プロセスがない組織向け ISO 9002」「サービス組織向け ISO 9003」は、いずれも「顧客の立場から組織への要求」を規定したものとして発行されました。

ISO MS 規格は、当然のことながら、組織に対して「XXX マネジメントシステム」の構築を要求しています。共通テキストの 4.4 には、このことについて次のように規定されています。

「組織は、この規格の要求事項に従って、必要なプロセス及びそれらの相互作用を含む、XXX マネジメントシステムを計画し、実施し、維持し、かつ、継続的に改善しなければならない。」

4.4 には「必要なプロセス」という言葉が出てきますが、ここで「必要であるか、必要でないか」を判断するのは組織です。その判断基準は、顧客へ提供する製品・サービスの品質保証レベル、環境への配慮要件、労働安全衛生における危険源(ハザード)およびリスクなどが例として挙げられますが、MS 分野ごとに異なります。また、すべての分野において共通して留意しなければならないこととして、利害関係者からの要求事項を優先しなければならないことが挙げられます。

最初の MS 規格であった ISO 9001 は、必要なプロセスについて購入者からの視点で「必要であるか、必要でないか」を決めなければなりませんでした。2つ目の MS 規格である ISO 14001 は社会の目から見て「必要であるか、必要でないか」を決めなければなりませんし、労働安全衛生規格 ISO 45001 に関しては働く人の視点から「必要であるか、必要でないか」を決めなければなりません。

これらの MS 規格は、必要であるプロセスを明確にするとともに、それぞれのプロセスを確立することを要求しています。プロセスは、その定義である 3.12(共通テキスト)から次のように理解されます。

プロセスとは「インプットをアウトプットに変換する、相互に関連する又は相互に作用する一連の活動」です。プロセスを「確立する」[1]と

は、プロセスを計画することにほかなりませんが、定義から「何がインプットであり、何がアウトプットであるか」、さらに「プロセスにはどのような一連の活動があるか」を計画しなければなりません。さらにいえば、期待するアウトプットを作り出すためには、「活動の方法」「判断基準」「責任者」「資源」「リスク及び機会」なども決めておかなければなりません。ISO 9001 は、これら計画すべき事項を要求事項として箇条 4.4.1 に規定していますが、他の MS 規格（ISO 14001、ISO 45001 など）でも全く同じように考えるとよいでしょう。

ここで重要なことは、今日の日本では、「どのような組織も品質、環境、安全などを無視した経営はしていない」ということです。しかし、「それらが"MS"として計画されているか」というと、答えは否である組織が多いようです。ISO が主張していることは、MS を計画（確立）することであり、それはとりもなおさずプロセスのインプット、アウトプットをはじめ一連の活動を管理する項目を計画することを意味します。

労働安全の世界でいえば、働く人々の安全に配慮しない組織は日本には皆無でしょう。しかし、安全に配慮する活動がプロセスとして計画（確立）されている組織は少ないでしょう。このような状況でも本来必要なプロセスを決め活動内容を計画し、それら活動を管理することが MS の要諦です。プロセスを計画することは MS を計画することにつながります。計画を作れば PDCA の Plan フェーズの後に進むことができ、Do（実施する）、Check（確認し維持する）、Act（改善する）と組織の活動のサイクルが回っていきます。

以上のことについて、共通テキストの 4.4 は「組織は、この規格の要

---

1) 「確立する」の意味は人によってさまざまです。「確立する」の原文は "to establish" であり、英英辞典では "to start or create an organization, a system, etc." となっています。これを翻訳すると「組織、システム、その他をスタートする又は作ること」となるので、本節では多くのところで「確立する」を言い換えて「計画する」にしています。

求事項に従って、必要なプロセス及びそれらの相互作用を含む、XXXマネジメントシステムを確立し、実施し、維持し、かつ、継続的に改善しなければならない」と規定しています。

2.1.3　組織にすでにあるマネジメントシステム

　組織は誕生したときから、顧客に「製品及びサービス」を提供し（購入してもらい）、その結果、収益を上げることで成長していきますが、組織はそのやり方を定例化し、毎年少しずつ改善することで、今日のやり方を得ています。そのやり方を規定化したものはMSとよんでよく、すべての組織にはMSが（その良し悪しは別として）存在しています。「事業経営において、組織にどのようなMSが存在しているか」というと、一口で言ってしまえば、「期首に事業計画を立て、それを実施し、四半期ごと評価し、修正を加えながら期末に1年のまとめを行う」というMSです。そのためには、売上計画、人員計画、設備計画、実行計画などの個別計画を立て、それらを日々実行し、運用していかなければなりません。

　共通テキストの5.1「リーダーシップ及びコミットメント」の2番目のダーシ（－）では、これらの一連の活動のことを「事業プロセス」とよんでいます。プロセスとは「一連の活動」のことですので、事業プロセスとは組織が全員で実施している日常の活動のことと理解するとよいでしょう。事業プロセスは当然のことながら組織ごとに固有なものです。全員の仕事が同じであるという2つの異なった組織は存在しません。しかし、プロセス類型化の研究は、世界にいくつか存在しますので下記にその一つを参考として紹介します。日本品質管理学会QMS部会による「事業プロセス」の例です（表2.1）。

　組織は、顧客のニーズ・期待を「製品及びサービス」に実現させるために、いろいろな部門を設け、部門ごとの業務を規定しています。その規定を文書にしたものは、「分課分掌規程」「業務分掌規程」などとよば

表 2.1 事業プロセス(例)

分野	事業プロセス		活動内容	
1. 主要分野	1.1	調査・企画プロセス	1.1.1	市場調査
			1.1.2	顧客の期待とニーズの特定
	1.2	契約プロセス	1.2.1	営業活動
			1.2.2	見積り
			1.2.3	受注・契約
	1.3	設計プロセス	1.3.1	設計計画
			1.3.2	設計活動(DR、レビューほか)
			1.3.3	設計引き渡し
	1.4	生産技術プロセス	1.4.1	工程設計
			1.4.2	製造準備
	1.5	購買プロセス	1.5.1	購買先評価
			1.5.2	購買計画
			1.5.3	受入検査
	1.6	製造プロセス	1.6.1	製造計画
			1.6.2	製造活動
			1.6.3	不良品管理
	1.7	検査プロセス	1.7.1	検査計画
			1.7.2	出荷検査
	1.8	出荷プロセス	1.8.1	倉庫管理
			1.8.2	輸送
	1.9	アフターサービスプロセス	1.9.1	保守・修理
			1.9.2	クレーム処理
2. 支援分野	2.1	情報・インフラプロセス	2.1.1	基幹システム／ネットワーク
			2.1.2	受配電、営繕、設備管理
			2.1.3	ロジスティックス
	2.2	人材・総務プロセス	2.2.1	人事(採用／配置／移動)
			2.2.2	教育・訓練
			2.2.3	法務、労務管理
			2.2.4	福利厚生
			2.2.5	安全
			2.2.6	環境
	2.3	経理プロセス	2.3.1	売上管理
			2.3.2	支払い管理
			2.3.3	資金管理
			2.3.4	財務諸表作成

表 2.1 つづき

分野	事業プロセス		活動内容	
3. 経営分野	3.1	経営理念プロセス	3.1.1	ミッション、ビジョン
			3.1.2	方針、目的・目標
			3.1.3	社会的責任
	3.2	経営戦略プロセス	3.2.1	経営環境分析(内部／外部)
			3.2.2	中長期経営計画
			3.2.3	個別事業計画(組織／人／資金／拠点)
	3.3	顧客満足と評価プロセス	3.3.1	外部(第2/3者)監査
			3.3.2	顧客満足度調査
	3.4	分析と継続的改善プロセス	3.4.1	内部監査
			3.4.2	マネジメントレビュー

出典）日本品質管理学会：『QMS有効活用及び審査研究部会　第2期研究報告書』、pp.107～108、2010年

れますが、それらの規程は次のような視点から全社のプロセス(一連の活動)を決めています。

- 組織にはどのような活動が必要か。
- 活動の目的は何か。
- 活動内容は何か。
- 活動はどのような順序で行うのか。
- 活動間のつながりはどのようになっているのか。
- 活動における情報の流れはどのようになっているのか。
- 活動の重要ポイントはどこか。
- プロセス(部署)を越える活動はどこか。
- 誰が責任者か。

組織はこのようにして決めた業務分掌、プロセスをベースとして、毎事業年度の期初に「事業計画」を策定し、四半期ごとに進捗を確認し、翌年3月には財務諸表をまとめて株主に報告しています。これが組織にすでにあるMSであり、その目的は「顧客価値提供」「売上・収益」「株

主還元」などです。品質向上、環境保全、安全確保などは、事業目的を達成するために不可欠なMSですが、それらが組織の事業目的でないことは言うまでもありません。

かといって、「組織の事業プロセスに品質向上、環境保全、安全確保などの要素が皆無か」というとそんなことはありません。どのような組織でも品質向上、環境保全、安全確保などの要素は何らかの形ですでに存在しています。組織の戦略、方針、目標、プロセスおよびその計画、組織構造、責任権限などのMS要素のなかに、すでに品質向上、環境保全、安全確保などの要素は何らかの形で存在しています。

プロセスおよびその計画は、具体的には規定書、指示書、手順書などの文書の形で各部門部署に存在していますが、これら標準類は「顧客価値提供」のための標準であって、ISOが提案している品質、環境、安全のための標準ではありません。しかし、それらの標準書のなかには品質、環境、安全のための要素が何らかの形で包含されています。

2.1.4 事業プロセスにマネジメントシステム要求事項を統合する

組織がXXX MSを構築しようとするときに留意しなければならないことは、すでに組織に存在しているMSとの取合いです。具体的にいうと、MS構成要素である方針、目標、プロセス、組織構造、責任権限、運用管理などについての取合いです。例えば、「事業方針 vs XXX方針」「事業目標 vs XXX目標」「事業プロセス vs XXXプロセス」「事業責任権限 vs XXX責任権限」「事業運用管理 vs XXX運用管理」などについてです。

取合いとは、例えば、事業方針と XXX方針とのすりあわせのことで、共通テキストが規定している「統合」[2]につながる作業のことです。

---

2) 共通テキストの5.1「リーダーシップ及びコミットメント」にはトップマネジメントに向けて次の要求があります。
　「組織の事業プロセスへのXXXマネジメントシステム要求事項の統合を確実にする。」

この作業は時間がかかり、根気がいりますが、この作業なしに ISO MS の有効な活用はできません。トップマネジメントは、期首にその年の事業方針を制定しますが、その方針のなかに、品質、環境、安全などに全く触れない組織はないでしょう。事業方針のなかで品質に触れているにもかかわらず、「ISO 9001 で要求されている品質方針を別に作成するとどうなるか」「ISO 14001 にもとづく環境方針を別に作成するとどうなるか」、さらに「ISO 45001 が要求する OH&SMS 方針を作成するとどうなるか」、火を見るより明らかなことでしょう。組織の従業員はトップマネジメントの見ている方向を向いて仕事をします。従業員はトップマネジメントが制定した事業方針を見て仕事をし、ISO 各種の方針は無視されることになるでしょう。

　事業目標と XXX 目標においても同様です。両者の関係性、組合せなどを考慮しないと、組織の最優先事項である事業目標に組織のエネルギーが集中することになり、XXX 目標は従業員の関心事にはならなくなります。組織が XXX MS を構築しても、組織に事業目標と XXX 目標という2つの目標を独立して存在させておくと、前者だけが優先的に取り扱われることになってしまうのは組織の道理というものです。

　このようなことは、事業プロセスと XXX プロセス、事業責任権限と XXX 責任権限、事業運営管理と XXX 運用管理など、多くの MS 要素についていえることです。それぞれの2つの関係性が配慮されている（統合されている）のと、されていないのとでは、XXX MS のパフォーマンス（測定可能な結果）に大きな違いが出てくるでしょう。

　5.1 が要求している「事業プロセスに XXX マネジメントシステム要求事項を統合する」とは、この複数の MS 構成要素をうまく関係付けたり、同一のものとして取り扱われるようにすることを意味しています。経営者が最優先にして取り組んでいる事業経営、すなわち売上や利潤の追求の MS と一緒にする工夫が必要となります。図 2.1 に「事業プロセスに XXX MS 要求事項を統合」するイメージを概念図として示します。

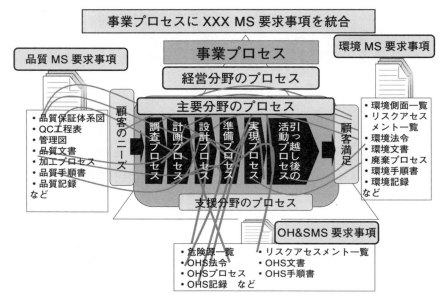

図 2.1 事業プロセスに XXX MS 要求事項を統合

　ここまで、事業プロセスと XXX MS プロセスなど多くの要素の取合いを説明しましたが、いろいろな MS は対立構造にはなりません。しかし、事業展開の MS が優先され、他の MS が後回しになるということはよくあることです。そうならないために最優先である事業展開の MS の標準書のなかに XXX MS 要求事項をうまく入れ込む工夫が求められているのです。

　共通テキストが要求する統合化を積極的に実施しないと、MS の形骸化は必至です。ここに内部監査の要点があります。冒頭に述べた、内部監査で確認すべき、「③　有効に実施され、維持されている」ことは、「事業プロセスに XXX MS 要求事項が統合されていること」を確認することで監査の目的の大部分を達成できます。その監査の方法は、「組織の事業プロセスを軸に監査する。特定の規格の箇条を軸に監査はしない」ことであると考えます。

2.2　内部監査員になるという意味、意義

　前節で「ISO 認証取得に際して内部監査に関する要求事項がどのように規定されていたか」について、また、2012 年に登場した ISO MS 規格共通の規格原案文書（共通テキスト文書）の意味合いを感じ取ってもらえたと思います。

　一方、内部監査は「規格要求事項で規定されているからする」というものでもなく、「規格の項番どおりに進める」ものでもなく、「組織の事業プロセスにもとづいて行うことが原則である」という点についてはまだピンと来ていない読者も多いかもしれません。ですが、その捉え方を頭の片隅に置いたうえで本節を読み進めてください。

　ここで、改めて皆さんに問いかけたいと思います。

　内部監査は、

- 何のために？
- 誰のために？

行うものでしょうか。

　想定される皆さんの答えを 3 つほど挙げましょう。

　① 　規格要求事項で内部監査の実施を求めているから？
　② 　経営者のために行うもの？

あるいは

　③ 　…………？

　　　（いろいろな答えが返ってくると思いますので、あえて 3 つ目はこうさせてもらいます）

　①については、「そうではありませんよ」とすでに述べていますが、本節ではあえてその部分から始めていきたいと思います。ただし、上記 3 つの回答は、①を含めてどれも間違っているわけではありません（③はさまざまな答えを想定していますが、本書の読者の方であればその回答が全くピントはずれということはないはずですので、「3 つの回答ど

れも OK です」とここではしておきます)。なぜならば、それらは ISO の認証を取得あるいは維持しようとする組織にとってはどれも必要なことだからです。

しかし、内部監査の本質を「規格の活用」という観点から考えると、「上記の①も②も少々捉え方が違う」と言わざるを得ません。では、一つずつ順に見ていきましょう。

(1) 内部監査は「規格要求事項で求められているから」実施するのか?

共通テキスト文書(附属書 SL)の登場により、ISO 9001 に限らず、今はどの MS 規格であっても規格の 9.2 で内部監査に関する要求事項が規定されるようになりました。この 9.2 にもとづいて、皆さんの組織ではあらかじめ定められた間隔で内部監査を実施していることでしょう。そして、多くの組織で年に 1 回、内部監査が実施されている。これが現状だと思います。

ISO 認証のマーケットが広がり始めて約 30 年。本書の読者の方が属する組織でもおそらく、認証を取得してそれなりの年数が経ち、場合によっては十数年以上経っているという組織の方もいるでしょう。そのような組織に属する方々で、もし、「規格が求めているから内部監査をしなければいけない」という認識で今でも内部監査を実施しているようであれば、一刻も早くそこからの脱却を図ってもらう必要があります。

「規格が求めているから内部監査をしなければ」という認識であるとすると、せっかく使っている時間とお金(人件費は必ずかかっていますよね)が、正直に申しますが「もったいない」のです。

認証を取得して何年も経っている組織の方々であれば、対外的には規格要求事項への適合性は確保されています(ここは安心してください)。ISO が求めている水準ははるか昔にクリアしているのです。初めて認証を取得するときは、一生懸命、規格要求事項に書かれていることを守ろ

うとして社内の皆さんとともにいろいろな苦労をされたことでしょう。ですが、認証を無事取得し、その後の年に1回のサーベイランス（定期審査）も無事パスし続けているのであれば、自信をもって次のステージに進まなければダメです。ゲーム好きの方の感覚にたとえるなら、「あるステージをクリアして次のステージへの挑戦を始めるぞ」という捉え方をしてほしいのです。

　ISOの要求事項は全世界のあらゆる業種業態の方にフィットするようにつくられています。したがって、「最上級レベルのマネジメントを実現するために役立つもの」というわけでは残念ながらありません。むしろその正反対といってもよいのです。最低限の要求事項を規定して、「どのような組織であっても活用できるようにする」ということを狙ってつくられているからです。苦労されてISO認証までこぎつけた方には少々失礼な言い方で恐縮ですが、あくまで認証取得は組織経営のレベルを上げていくための出発点と捉えてください。

　そして、そのレベルを上げるために、内部監査は重要な役割を担います。「規格で求められているから」を卒業し、自分たちの組織のレベル、社員の皆さんのレベルを上げるために内部監査を活用していくことを意図的に行わなければなりません。

　「言われたからやる」のではなく「自発的に取り組む」。そのためにあるべき内部監査の姿とは、「内部監査員に求められる力量レベルはどのレベルにまで高めればよいか？」という問題意識をもって、社内の皆さんでISO MSと向き合うことが大事なポイントです。

　繰り返しますが、「内部監査を規格が求めているから行う」というレベルから脱して、自発的に「自組織、そして自組織の構成員のレベル向上のためにあるべき内部監査とは何か」という問題意識をもって取り組むことこそが何よりも大事な出発点なのです。そのことがMSの活用において狙っていく品質や環境に関するパフォーマンス向上につながり、自組織、そして、ともに働く仲間のためにつながっていきます。

「規格で求められているから」という理由で内部監査を続けるほうがその対応は簡単であり、楽です。ですが、あえてそこは「より困難な道を選び高みを目指すのだ」という気概を忘れずに持ち続けてください。

（2） 内部監査は「経営者のために」実施するのか？

2つ目のテーマに進みましょう。このテーマは内部監査員養成研修等の場などで聞いたことがあるかもしれません。つまり、「内部監査は、経営者に成り代わって経営者視点（目線）で取り組む」という考え方です。

筆者自身も内部監査員養成研修の講師を務める際にこの「内部監査員は経営者に成り代わって監査を行う」という話を毎回しますので、考え方自体への疑問は全くもっていません。

しかし、経営者（あるいは役員）の経験がない方が内部監査を行うのが通例ですから、「経営者に成り代わった内部監査が本当にできるのか」と問われればその答えは「厳密に言えばNO」です。

では、「なぜ"経営者に成り代わって内部監査を実施するものである"という説明をするのか」と読者の方は感じることでしょう。

お察しのとおり、内部監査は可能であれば経営者自らが行ったほうが実りある成果を得ることができます。しかし、現実問題として経営者がその時間を捻出することはかなり困難です。中小企業であれば時間捻出の可能性、そして優先度は多少高くなり、経営者自らが登場することも考えられます。しかし、中堅規模以上の組織になれば経営者自身が内部監査を行う時間を確保することはまず無理です。ゆえに、経営者からは「内部監査を実施するなら監査員の皆には、自分の意を汲んだ内部監査をしてほしい」という願いが出てきます。

経営者は通常時、大きな観点から自組織の状況を摑もうとしています。その場合、「自組織の時々刻々の状況を細部まで把握できているか」と問うと組織によってその答えは変わります。社員数が数十人規模なら

まだしも、数百人、数千人となってくると組織の細部まで経営者自らが状況を把握することはかなり難しくなります。さまざまな報告が上がってきても、その報告で十分に組織の末端まで網羅しているかどうかがわからず、時と場合によっては不安を感じるものです。ゆえに、内部監査という機能を活用して、「内部監査員には自分に成り代わってその不安の取り除くために社内の状況確認を行い報告してほしい」と思うわけです。

この経営者の思いを理解したうえで、「経営者に成り代わって一般社員の方が内部監査をする」ということが内部監査の本質的な価値なのです。

管理職の方であれば、日常業務において経営者と接触する機会もそれなりにあるでしょう。ですが、内部監査員は管理職の方だけがなるとは限りません。技術職としてマネジメント側よりもスペシャリストとして日頃の仕事をしている人であっても内部監査に携わるケースがあると思います。そのような方々にとっては、日頃の業務から少し離れて、会社全体を見渡す良い機会がこの内部監査になります。

経営者の立場から内部監査員の皆様へのお願いをすることは、「内部監査員一人ひとりが、会社の現在の状況を確実に理解したうえで、"経営者が内部監査に何を期待しているのか"ということへの理解を深めてくれると大変ありがたい」ということです。

内部監査という場がなければ、そのようなことを経営者側も発信する機会はそうそうあるものではなく、さらに社員の立場から考えれば「そのようなことを理解しなければいけない」という問題意識をもつ場もなかなかないでしょう。その距離を縮めることができる場が内部監査なのです。

筆者(青木)自身の場合は、内部監査の前に監査チームリーダーと打合せをして、毎回社長リクエストとしてこの経営者の期待を伝え、リーダーから内部監査チームメンバー全員に伝えてもらっています。そのう

えでさらに内部監査計画書にもその内容を盛り込んでもらっています。すると、毎回必ずその部分の監査を行い、報告を上げてくれるようになりました。皆さんの組織でも取り入れてみてください。

　ここまで論じてきた2つ目の項目は、理解が進んだでしょうか。内部監査は経営者のためにするものではなく、何のためにするものであると言いたいのか。「内部監査は経営者のため」という考え方自体は全くは間違っていません。ですが、それだけではまだ道半ばなのです。

　残りの半分は、内部監査を行う人のためなのです。

　内部監査に携わるということは内部監査員自身が自分の会社への理解、そして自分の視野を広げるための再整理の場に立つことになります。そのことが直接その人の業務に即効性のある貢献をするわけではありません。ですが、広い視野、高い視点をもって自分の組織のことを知るには内部監査はとても良い機会です。

　内部監査員としての活動(事前準備や当日対応、場合によっては事後処理)は残業をすることになったり、直属の上司からの評価にはつながらなかったり、と「苦労する割には見返りが少ない」と考える方が大半だと思います。確かに短期的な見方をすればそのとおりなのですが、中期的な見方をすれば、内部監査にしっかり向きあえば、必ずその人に返ってくるものがあるのです。

(3)　内部監査は「…………」実施するのか？

　3つ目は意地の悪いことにタイトルには言葉を入れずに「…………」としています。

　前項の最後で、「内部監査は内部監査員自身のための機能ももつ」と述べました。では、最後は何が入るのか？

　「監査する側のことを話したから今度は監査を受ける側のことか？」と思われた方がいたら素晴らしい洞察力です。

　内部監査への理解を深める仕上げに入りましょう。

例えば、皆さんの組織が大企業であれば、組合が組織され経営陣と向き合って待遇改善を求めるなどの働きやすさの改善を図る機会はいろいろあるでしょう。では、労働組合のない組織の方々は、自社の労働環境改善のためにできることは何か。そうなのです、その機会の一つが内部監査なのです。

経営者からすれば、品質の内部監査であろうが環境の内部監査であろうが、自社の成長・発展につながることであればどのようなことでも基本的に大歓迎なのです。昨今、働き方改革という言葉が流行語のようにあちこちで喧伝されていますが、その言葉の意図するところは労働生産性の向上です。決して残業代減らしのための施策ではありません。したがって、内部監査で同僚が困っていることを取り上げ、その改善のための策を監査員とともに練ることができれば、その内部監査は十分経営者にとってありがたいものになるのです。

とはいえ、内部監査はチェックリスト（実際は多くの場合は、社内制定の標準チェックリストと思いますが）を用いて実施しますから、品質内部監査なら品質に関するやり取り、環境内部監査なら環境に関するやり取りに多くの時間を割くことになり、そこの枠組みを越えた部分での議論や改善の糸口を探るような監査を実施することは決してたやすいことではありません。

ここで理解しておいてもらいたい点は、「"品質、あるいは環境に関する自社のルールにないようなことを内部監査でやり取りしてはいけない"という認識そのものを壊してほしい」という点です。

内部監査で挙げたい成果は「組織運営の良いところをきちんと承認し（報いるということです）、不十分なところを皆で知恵を持ち寄って良くしていく」ということです。

会社にとって本当に大事な成果に結びつく仕事は人によって成し遂げられていきます。IoTやAIの技術がどんどん進んでいってAIにとってかわられる仕事はいろいろ出てくるのかもしれませんが、それでも組

織にとって本当に大事な成果は人でなければ生み出すことはできないはずです。

　苦労（特に精神的な）を抱えていても、人はなかなか言い出せないものです。たとえ直属の上司に対してであっても言いにくいケースがあるものです。

　そのようなときに、内部監査の場で直接の利害関係のない同僚から苦労している部分に触れられたらどのような気持ちを抱くでしょうか。抵抗感をあまり感じることなく「相談してみよう」という気持ちが起きる可能性を感じられませんか。

　もちろん内部監査は「決められた自組織のルールどおりに業務が行われているかどうか」の確認の場です。その大原則を守る必要がありますが、そのうえでさらに本当の意味で現場の方から経営者に至るまでの皆さんが「改善したい」「解決したい」と考える内容は、上述のような上司にもなかなか言い出せないでいる業務上の悩みではないでしょうか。

　気の合う同僚と飲みに行って話ができれば一時のストレス解消にはなるでしょう。ですが本質的にはそれでは何ら解決には近づかないわけです。一歩でも前に進めるには何らかの手を業務内において打たなければなりません。そのきっかけを内部監査で作り出すことができれば、素晴らしいことです。

　被監査者の立場の方からすれば、「えっ、そんなことを言ってもいいの？」と思われるかもしれません。ですが、そのような議論の展開になって困る人がいるかどうか考えてください。誰も困る人はいないのではないですか。むしろ、皆にとってプラスのことになる可能性が大きいのではありませんか（この場合唯一気になるのは被監査者の方の上司です）。

　皆が Win‐Win の関係になる可能性が大なのです。

　ぜひ、内部監査の場づくりとして、このような議論や会話が生まれるように経営者も監査責任者も監査員も被監査者の方も配慮してほしいの

です。これが良好な組織風土づくりにも役立ちます。ただし、組織風土まで考えれば短期間ではなかなか目に見える成果にまでは至りません。5年10年とかけて作り上げていくくらいの気概を、これは特に経営者がもたなければいけません。しかし、本書の趣旨からは外れていきますので、このあたりで止めておきましょう。

いかがでしょうか。第三の答えとして筆者が意識しているのは、「内部監査は組織の人全員のため」ということになります。

「内部監査は何のために、誰のために、行うのか？」という問いかけを冒頭にしました。その回答としての私からのメッセージは、

① 組織としてのレベルを上げていくため
② 経営者とともに内部監査員のため
③ 組織のすべての人々のため

という3つのために内部監査を行ってほしい、というものです。

どれも決してその取組みは容易に進むものでもなく、その成果もいつどのように現れるか簡単に評価の判定もできないものも入っています。筆者自身も自組織での試行錯誤、トライアンドエラーを繰り返しています。ですが、たとえうまく成果が出なくても、チャレンジすること自体にはいつもとても大きな価値を感じています。

本節が「このようなこと全く考えたこともなかった」という方にとって内部監査の新たな視点の提供になれば大変うれしく思います。限りある紙面では十分に伝えられていないかもしれません。皆さんと直接会って話せるような機会がいつか、どこかであればうれしい限りです。

2.3　リスクの未然防止と内部監査

2.3.1　組織が腰を上げる4つのキッカケ

ISOの世界に身を置いている筆者（市川）に対して、2017年に立て続けに起きた日本を代表するメーカーによる品質偽装などの不祥事は、

ISOにもとづくMSの有効性について、改めて考えさせられるきっかけを与えてくれました。

このような問題が生じるたびに、「再発防止のための仕組みをしっかりと構築していく」といった当該企業の経営者の声を何度となく耳にしました。しかし、現象や不祥事の内容は個々の事件では違えども、共通しているのは、"未然防止"の仕組みの欠如という相変わらずの体質のまま、変化することなく今に至っていることです。

日本の組織の多くは、大なり小なり問題(リスク)を未然に防ぐための具体的な行動を起こすところが極めて少ないといえます。どういうことかといえば、起きてもいない問題を予防するために、わざわざ金をかけることに、拒絶反応を示す経営者が少なからずいるということです。ところが、いざ問題が顕在化すると、「再発防止を徹底します」といった常套句が経営者の口から出てくるのです。

何にでもいえることですが、「こと」が起きてからの後始末にかかるコストは機会損失も含め、それを防止するためにかける費用よりも何倍もかかるのが常です。しかも、場合によっては、金額による損失以上に信用というお金では賄いきれない、取り返しのつかない損失を生むことにもなります。それにもかかわらず、「このような問題は自分の代のうちは起こらないだろう(起きてほしくない？)」といった、何の根拠ももたない希望的観測を抱く経営者が後を絶ちません。予防コストをかけないという誤った判断をして、一時の見かけの利益に一喜一憂するのです。コスト至上主義はこういうところから生まれてくるのではないかと思われます。わが国が改めるべき悪しき体質は、何か切羽詰まったことが起きて初めて重い腰を上げるという点にあるのではないでしょうか。

それでは、どのような場面に遭遇すると組織はとるべき行動を起こすのか。その代表的な4つのケースを紹介します(図2.2)。

① 外圧

本音は「自分たちとしては、できれば手をつけたくない」が、

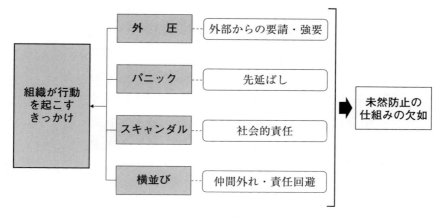

図 2.2　わが国の組織の体質

取引先、親会社などから半ば強制的に指示・要請されるケースです。自主的でない ISO にもとづく MS の導入ならびに第三者認証取得もその代表例の一つです。

② パニック

いずれ問題が表面化することがわかっていながら、とるべき対策を先延ばしにして、挙句行き着くところまで行って、どうにもならない状態に陥ってから、やむを得ず取り組まざるを得なくなるというケースです。

③ スキャンダル

社会的に致命的な不祥事を起こしてしまった際に、世間の厳しい目を回避する(？)ために、しぶしぶ取り組むケースです。この場合、本気になって再発を憂慮して抜本的な手を打つというケースはむしろ少なく、表面的な取り繕いで、世間からの厳しい目によるほとぼりが冷めるのをじっと耐えて待つケースです。「止まない雨はない」「人の噂も七十五日」ということでしょうか。

④ 横並び

日本の組織の体質を端的に表しているであろうと思われるのが、いわゆる「横並び」体質です。わかりやすくいえば「赤信号みんなで渡れば怖くない」との意識が多くの組織を蝕んでいるということです。自分からは、決して先を行くことはしないで、周りの顔色を窺って、機を見て腰を上げるというスタイルです。

　今から10年ほど前の、ある会社でEMSの審査をしていたときの出来事です。経営者審査で、「なぜ、ISOの導入をしたのか」についての問いかけに対し、そこの経営者は、「グループ会社のなかで、自社だけがISOの認証を受けていない。何かにつけ肩身の狭い想いをするので、"そろそろ認証しなければいけないかな"といったことがきっかけだった」といった趣旨の話をしました。筆者は正直、唖然としました。現場で懸命に対応している一人ひとりの苦労を思い、気の毒に思ったことは言うまでもありません。

　日本の組織は、終始上記の4つの考えに支配されているといっても過言ではありません。自主的なこと、先手を打つこと、予防すること、スピード感などに欠けた意思決定が多くの場面で実施されてきたといえます。現代は目まぐるしく経営環境が変化しており、そのなかで迅速な意思決定、事業継続のためのさまざまな施策を予防の概念を交えて実施しなければなりません。加速する経営環境の変化に対応するには、ISOによるMSが有効だといえます。

　しかし、MSを構築しただけでは意味がないことは、誰もが理解していることです。規格では、要求事項の示し方の一つに「～プロセスを構築し、実施し、維持すること」とあります。「構築」と「実施」は当然のこととして容易に理解することができますが、実はもっとも難しくかつ重要なのは最後の「維持」ではないでしょうか。

　維持には2つの意味があります。一つは、文字どおり定めたことを保つことです。もう一つは修正しながらより望ましい状態にすることです。後者はさらに2つのケースが考えられます。一つは、最初から完璧

なモノはないので、実施・運用していくなかで、システム上の問題を修正して、より望ましいMSにしておくという意味での「維持」です。

もう一つは経営や組織が生きもののように、常に状況や課題が変化していることに対応することです。例えば、新製品が追加され、使用する材料も新しくなることもあります。設備や工程も変わり、取引先も変化します。場合によっては、こうした変化に対応するためにも、MSで定めた内容を改訂しなければいけないときもあります。この場合の「維持」とは、その時点で最適な状態にすることをいいます。したがって、最初に構築したMSが数年後もそのまま、何の変更(改訂)もされないまま、運用されること自体本来あり得ないことだといえます。

2.3.2 経営に役立つための内部監査

組織は事業を通じて、次のことを達成する義務があります。

- 良いモノをつくる。良いサービスを提供する。
- 社会および顧客に、信頼を提供する。
- 利益を出し、適正な税金を納める。
- 得られた利益により、社会に還元・貢献する。
- 従業員をはじめ、関係者および家族の生命と財産を守る。

以上のことからの逸脱が、いわゆる組織にとってのリスクとなり得ます。組織が、このようなリスクがあることを認識し、それを防止するためのMSを構築し、実施し、維持することが、組織にとって不可欠なことなのです。

内部監査の本来の目的は構築したMSが有効に機能していることを検証することにあるといえます。

あってはならないことですが、仮に組織が一部ではあっても事実を偽った場合、よほどのことがない限り、外部の審査ではそれを見抜くことはできないでしょう。審査は組織が事実にもとづくデータなどを開示することを前提としてシステムの有効性を確認するのであり、警察が事

件を扱うように最初からその組織を疑ってかかっていては、審査は成り立たないからです。

　経営者は、内部監査の結果報告において、「何も問題がない」ということで安心してはいけません。本来、内部監査は「経営者自身がリスクとして認識していることが、本当にこの MS で防止のために役立っているのか」「内部監査でそのことの確認が確実に行われているのか」について、「経営者自身の思いを 100% 反映させるべきではないか」と思います。そうであれば「何も問題がない」という報告に安心することはできないはずです。

　ISO 9001：2015 および ISO 14001：2015 で、新たにリスクの概念が取り入れられました。経営者は、このことを契機として組織にとってのリスク（ここでは、「組織にとって、もし発生したら脅威となり得ること」）を、まず具体的に認識してもらいたいと思います。内部監査では「これらのリスクが MS を通じて、どのように管理され予防されているのか」について監視し、検証することが極めて重要ではないでしょうか。内部監査が単に、規格のオウム返しのようなチェック項目だけの確認で、第三者審査に対応するための年中行事ではほとんど意味をなさないといっていいでしょう。

　経営に役立つ MS というと、コストや利益といったパフォーマンスといった側面に目が向けられがちですが、リスクが予防され、回避されることが真に経営に役立つ MS だといえます。このことが組織を守ることにつながることを経営者自身が理解し、内部監査のより有効な活用に向けていってもらいたいと切に願うばかりです。

2.4　会議室を出よ、現場に行こう

　ISO 9000（JIS Q 9000）：2015「品質マネジメントシステム―基本及び用語」の「2.4.2　QMS の構築・発展」に監査の有効性に関する記述が

あります。短い文章ですが非常に重要なことが書かれていますので、まずその内容を引用します。

「監査を有効なものにするために、有形及び無形の客観的事実を収集する必要がある。」

2.4.1 有形と無形

「有形」の客観的事実は、文書・記録、製品や装置などです。文字だけでなく、画像でも記録することができるため、客観的事実の収集はそれほど難しいものではありません。電子データへのアクセスや資料の送付、動画中継などを活用することにより遠隔地でも容易に検証し、実績をそのまま残すことが可能です。

一方、「無形」の客観的事実は、音、光、匂い、味、揺れ、温度など手で触れることができないものです。「音」や「光」は録音や動画として残すことができます。しかし、それ以外のものの客観的事実の収集となると計測した数値に置き換えられたものとなり、体感した定性的な情報を直接残すことはかなり困難です。文章として表現することも難しいからか、筆者の経験の限りですが、監査所見となっていた事例は非常にまれです。

ISO 規格が監査を有効なものにするために、記録として留めやすい有形なものだけでなく、無形の客観的事実を収集する必要があるといっているのはなぜでしょうか。筆者(鈴木)は次の2点に関係していると考えます。

一つは MS のパフォーマンスが、定量的なものだけでなく、定性的な所見にも関連していることです(ISO 9000：2015「品質マネジメントシステム―基本及び用語」「3.7.8　パフォーマンス」)。

「快適」「においがしない」「おいしい」など、多くの定性的なものは無形で数えることが困難ですが、MS のパフォーマンスとして重要な部分を構成することがあります。

もう一つは無形の客観的事実はその場で消えてなくなるものがほとんどのため、現場に出向かなければ検証できないということです。

2.4.2　無形の情報は五感に訴えかけてくる

　品質マネジメントシステム（QMS）の現場監査として、自動化された製造ラインのオペレーションや監視を行っている制御室に入ると、さまざまな計器が赤く点滅し警報音が鳴り続けている状況に遭遇することがあります。異常を知らせるための「無形の情報」は五感に訴えてくるので監査員でなくともすぐ気づきます。察知した状況は「管理の逸脱があり、なんらかの問題があった」と報告する監査所見に関する「情報」として記録されることになるでしょう。しかし、改善の機会や不適合の判断を確定するには情報が不足しています。

　例えば、設備の一部を更新した製造ラインは品質が出荷基準を下回らないよう安全策として異常を未然に防ぐために管理基準値の幅を通常よりも狭め、警報音がよく鳴るような設定にしていることがあります。制御室や現場の人たちはそのことを知っているので慌てることなく、落ち着いた様子で設備の操作を行い、通常の管理数値内で製造が継続されるよう業務を行っています。このような本当は管理された適合状態に対して、「警報音が鳴っていた」だけの情報で判断を下してしまうと、軋轢と無駄な手間を発生させる「改悪」の是正要求をしてしまうことになります。

　また、短絡的な Yes/No の判断で導き出された監査所見は表層的な事象の報告に留まり、システムの問題にたどりついていないことがよくあります。このケースの場合、監査員はシステム上の問題の有無に関する情報収集の入り口に立っているにすぎません。

　MS 監査員が現場で通常とは異なる「無形の情報」が生じている場面に遭遇した場合、その背景を冷静に観察し、質問を重ねることで、判断に必要な情報をさらに集めていくことになります。このケースの場合、

次のようなことが収集対象となる情報源の一部として考えられます。
- 制御室が注意して監視している内容
- 監視している数値の変化
- 収集している情報の種類
- 収集した情報の分析・評価の方法
- 分析結果の製造仕様や工程管理数値への反映(変更)
- 変更許可の責任と権限の所在
- 人や装置の動き
- 現場へ指示・伝達された情報
- 検証結果の保管状態

　この内容に、関連する規格要求事項を割り当ててみましょう。そうすると一つの項目に複数の箇条が該当することに気づくでしょう。これを現場監査で情報収集するガイドツールとするのです。

　もし、規格の箇条順に並べた Yes/No 型のチェックリストがあれば、「この監査ツールによって収集される情報が要求事項をどの程度カバーしているのか」を事前に確認する際に使用されるでしょう。

　もっとも効果があるのは、監査員の質問を難解な規格の言葉ではなく普通の言葉で行うことです。監査されている立場の人たちに監査員が不適合の状態を探しているのではなく、適合の証拠を求めていることが伝わって初めて、システムの実態が開示されるため、収集できる情報量が増えることにつながります。

　ここまでの事前準備が現場審査を行う前にできれば、チェックリストは規格要求事項の順序ではなく、「検証すべき内容」が整理されたものになります。

2.4.3　現場監査準備としての文書レビュー

　監査を文書・記録の整備状態を目的とした段階と現場運用の検証を目的とした段階に分けて運用することも無形の情報を効率よく収集するた

めに検討する対象となります。

　文書・記録は「有形の情報」の一つです。固定化された情報ですから現場作業を止めることなく検証することができます。文書間の不整合など潜在的なギャップが検出された場合、現場運用で所見として指摘することができます。

　最大の利点は、記録類を事前に検証することで対象となる部門・プロセス・製品の最新情報を把握できることです。「現場に行って何を見るべきか」「誰の話を聴くべきか」見当をつけることができます。これが現場監査で情報収集するガイドツールの骨格となります。監査の有効性や信頼性は、いつも同じことを検証するのではなく、「そのときの重要度で優先されるべき事項に監査資源の割当てが優先されたかどうか」によって大きく違ってます。

　もう一つの利点は、重要事項を判断するために必要な知識や経験の程度を現場に行く前に確認できることです。例えば、最新鋭の技術を検証する必要があるところに、経験は豊富でも陳腐化した過去の技術情報の知識しかない人が検証に行ったところで、どのような信頼性が担保されるのでしょうか。

　監査報告の有効性と信頼性を高めるために、現場に行く前に入手した情報を活用して監査員の配置を見直すことは、内部監査にこそ試してみる価値があるでしょう。

2.4.4　情報収集ツールとして動画を活用する

　監査の証拠として動画を利用することが話題になることは多いのですが、実際に活用している事例となると、その数は非常に限られたものになります。MS監査のための指針であるISO 19011：2011では、「作業文書は、監査範囲内のマネジメントシステムの全ての要素に対応するために適切であることが望ましい。また、作業文書は、どのような媒体で提供されてもよい」(ISO 19011：2011、「附属書B」「B.4　作業文書の作

成」)とされているのですから、自信をもって状況の変化に対応した新しいツールを導入すべきです。

しかし、過去の第三者審査で文書や記録のことで多数の不適合を受けたトラウマから「こんなものは監査の証拠として認めない！」と言われることを恐れて一歩が踏み出せないのだと筆者は推察しています。

そうであれば、アドバイスできることは次の2つです。

① 審査機関の責任者に「動画を記録した媒体が内部監査記録の一部として認められるか」について回答を求める。

② 認められなかった場合、考え方を尊重してくれる他の審査機関に変更する。

「ダメだ」と言われることはないでしょう。内部監査の効率や有効性を改善することに躊躇していたのであれば、今が審査機関に問い合わせてみる絶好の機会でしょう。

動画による情報収集は次のような場面でも活用できます。

一つは、異物混入が問題となる現場で情報収集のツールとして紙や筆記具の持ち込みが制限されている場合です。もう一つは、審査員自身の安全配慮の点で両手がふさがる筆記に制限がある場合です。

最近では撮影に使用するカメラも、保護帽などに装着して撮影できる小型のものや360度が撮影できるものが手頃な価格となり、導入へのハードルも下がってきました。文字起こしが必要なら、音声を自動的にテキストデータに変換してくれるツールの導入も考えられます。副次効果として優れた監査手法が記録されることで、監査技術の向上に活用することも期待されます。

現場審査で情報ツールを活用する利点は、監査員が記録をとる作業から解放され、五感をフル活用した「無形の情報」の検証に集中できることにあります。重要事項を判断するために必要な知識や経験をもった監査員が関連する情報をくまなく検証することに集中し、検証過程がそのまま記録として残ることは、断片的な情報から監査内容を推察している

状況から変化し、監査の質と信頼性を一気に引き上げることになります。

収集された現場の情報は、会議室における面談回答や文書・記録の検証だけで集められたものと比べ、質・量ともレベルの高いものに変わります。

収集した情報の質はその後の判断に大きな影響を与えます。料理の質が素材の良し悪しで決まるのと同じで、有効な監査には良質の判断材料が必要です。その一つとして鮮度の良い現場情報を収集することが重要になってきます。

例えば、問題が生じているところは、異音や変色はもちろん、周辺状況も含まれている音声付き画像で共有することで的を射た修正が行われます。「無形の情報」も監査員の感じたままの言葉が画像・音声とともに残れば、完全な再現はできなくとも、第三者にも状況を共有し検証可能な監査証拠として採用できるでしょう。

これらの情報と現場審査のガイドツールを併用することで、「規格要求事項の適合が網羅され、目標を達成する機能が有効かどうか」の判断ができることになります。現場がきちんとした仕事をしていることの客観的な情報を最新のツールを活用した動画で示すことにより、すでに紙や押印の時代からはるかに進歩している現場の実態を客観的に示すことができます。

ここまで進んでようやく「審査を受けるために文書が必要だ」という呪縛が解けはじめます。書類作成による時間拘束は、働く人の意欲を減退させ、作業の質を低下させる原因の一つとなります。多くの組織がISO導入時に記録を残す目的や実務ですでに存在している証拠類のことを考慮せず、自組織の運用とはかけ離れた数多くの様式や記録を作成するシステムを構築し苦しんでいるのが現状です。そこから脱却するためには内部監査における現場審査を見直すことがポイントの一つでしょう。

2.4 会議室を出よ、現場に行こう　37

　さて、皆さんの組織の内部監査は、現場にどれくらいの資源を配分してきたでしょうか。それを知る一番簡単な方法は、過去の監査スケジュールが現場に割いている時間の割合を調べることでしょう。

2.4.5　基本を大切にする

　ここまでの内容を簡潔に示す図として、ISO 19011：2011「マネジメントシステム監査のための指針」に掲載されているものを図 2.3 に紹介します。これは監査の基本的な流れを示しています。

　物事は基本を大切にすれば、大抵は目的を達することができるものです。図 2.3 で紹介したような基本を大切にして、一つひとつの段階を確実にすることで、「これで大丈夫」という確信を関係者がもてるようにすることが、内部監査で一番重要です。

　基本を大切にすることで、その先に進む勇気をもって挑戦的な内部監査に取り組めるような組織が増えることを願っています。

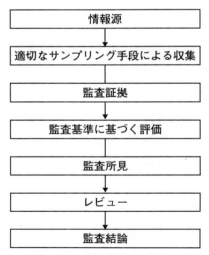

出典）　JIS Q 19011：2012(ISO 19011：2011)、「マネジメントシステム監査のための指針」、p.21、図 3

図 2.3　情報の収集および検証のプロセスの概要

2.5 内部監査に対する着眼点

筆者(清水)が審査をしていて、「内部監査の効果が挙がっている」と感じた事例としては、以下のようなものがあります。

(1) 内部監査計画の段階で経営者の生の声を聴く

管理責任者(またはISO事務局、以下同じ)は、内部監査を計画する段階で、「プロセスの重要性」「これまでの監査の結果」「変更された事項」などから監査プログラムを策定しています。監査目的の一番のポイントは「経営者が今回の監査で知りたいと考えていること」に応えるためですが、管理責任者は日常業務で経営者に接する機会も多く、思いを汲み取りやすいため、内部監査の重点事項を適切に策定しています。

しかし、実際に内部監査を実施する監査員は、管理責任者から今回の監査に対して重点的に見てほしい事項の説明を受けたとしても、十分に伝わっていない場合があります。

筆者の経験した事例では、管理責任者とともに監査チームリーダー(可能であれば監査メンバー全員)は、「今回の監査では何を見てほしいのか」を経営者に直接聴いて、監査の目的および重点事項を共有化することで、経営者の望む成果に結びつけやすくなりました。このときには、経営者自身も「内部監査員は知りたいことを確実につかんで報告を上げてくる」と監査の重要性を大いに評価し、監査員も経営者が意図するところを肌で感じて、監査を実施する意義・心構えを強くもつようになりました。

(2) 内部監査員の力量を向上させる二段階監査を行う

監査は客観性および公平性を確保するため、被監査部門とは直接かかわり合いのない監査員が実施します。しかし、例えば製造現場や技術部門の監査では、専門の知識や関係法令について理解しており、適切なレ

ベルを有する監査員が監査に当たることが求められます。

　監査計画の段階ではこれらを考慮して力量のある監査員を選定しますが、すべてを満たす人材ばかりとは限りません。専門性が少ない監査員は手順書と記録の管理状況を確認するなど、表面レベルの監査になりがちです。

　筆者の経験した事例では、この対策として被監査部門が、まず自分達で監査(仮に自己監査とします)を行い、その後に他の監査員による二段階目の監査(仮に他者監査とします)を受け、自己監査の結果と他者監査の結果をお互いに見比べることにしました。こうすることで、被監査部門は、キーポイントを押さえられますし、また、業務を行っている自己の眼で監査を実施した判断結果と他者の眼に映った監査結果を比較できます。さらには、実際に他の監査員が高専門性を求められる部門の監査ポイントに気づくことがあり、相互にレベルアップを図る良い機会となりました。

(3)　検出率を上げるチェックリストをつくる

　監査員は事前にチェックリストを作成しますが、監査の回数を重ねるにつれて監査準備にかけるインプットに対して、不適合・観察事項・改善のネタなどの検出件数が次第に少なくなりました。

　システムを確実に運用して成果が挙がり、検出件数が少なくなっている場合は好ましい傾向ですが、筆者の経験した事例でも現実には問題が発生し解決すべき事項があるにもかかわらず、監査で見落としが発生しました。この原因は「チェックリストの作成に手が加えられず、同じ内容のものを使いまわして監査する」というマンネリ化にありました。

　筆者がチェックリストの質問件数に対して、監査の結果から得られた不適合や観察事項などの検出件数を検出率として推移を調査し分析したところ、被監査部門が主に担当している業務内容に対する質問件数が少なかったり、質問内容自体が表面的で問題点に対する深掘りが足りな

かったり、進捗管理および成果の評価が不十分などでした。

「被監査部門の現状から問題点をあぶりだし、改善のネタを発掘できるかどうか」は、監査員が事前に作り込むチェックリストのでき具合に大きく左右されます。そのため、例えば、検出率をキーワードとして検出率が上がる質問を続けることで、より効果的な内部監査につながります。

（4）「監査結果報告書」は監査目的に対する結論を明記する

内部監査した結果から、被監査部門に対する報告書と組織全体に対するとりまとめの報告書が作成されます。しかし、報告書に記載してある事項は検出された指摘事項の内容と件数だけで、「今回の監査目的に対する結果はどうであったのか」が見当たらないことがあります。

監査目的の一番のポイントは「経営者が今回の監査で知りたいと考えていること」に応えるためですが、筆者の経験した事例では、報告書の記載様式を見直して監査目的に対する結果を報告書の初めに明記し、結果に至った背景として検出された指摘事項の内容と件数を補足として付け加えました。

数多くの判断を求められる経営者にとって報告内容は理解しやすく、また取りまとめた監査員・管理責任者も内部監査全体を見据えた評価分析・パフォーマンス向上につながる課題など、確実に報告する成果が得られました。

2.6 内部監査の計画

内部監査の計画は、ここではすでにシステム構築後の場合を想定し、また、第三者認証を受けている組織が大半であることも前提とします。

ISOのMSでは、（例えば、QMSにおいて）適用除外が認められている要求事項を除いて、すべての要求事項に適合することが求められま

す。しかし、毎回の内部監査で、すべての要求事項に対する適合を確認することは容易ではなく、仮に実行しても表面的な適合確認に終わる危険があります。

認証登録を受けている場合、3年間が一つのサイクルですので、3年間に適用される要求事項を満たしているか、確認する監査計画を立てるのも一つの方法です。表2.2はあくまで一つの例であり、チェックすべきことを網羅しているわけではありません。

すでに運用を開始しているMSの場合、「真に成果が出ているかどうか」を知るために、システムの有効性の確認を優先すべきでしょう。

したがって、「①改善目標が達成されているのか」「②考えられるリスク(クレームや事故などの脅威)がMSの運用を通じて予防できているのか」「③不具合の再発防止は確実で有効か」「④顧客はじめ利害関係者から見て満足のいく運用と成果が得られているか」を確認するとよいと思います。

表2.2 監査項目と頻度(例)

監査項目	具体的なチェック内容
毎回の監査で確認する項目	● 意図した成果、目標管理(目標と達成状況) ● 異常発生の処理と再発防止 ● 顧客や利害関係者の要望、コミュニケーション状況(変化点を含む) ● マネジメントレビューの内容と経営者指示状況ならびにそのフォローアップ ● 監視・測定結果(法令等順守を含む) ● 内外の課題の変化状況 ● 重要な運用管理の状況、など
3年間のうちに確認する項目	● 文書、記録の管理 ● 組織改編で変化する可能性のある項目(資源、力量、認識など) ● 設備、施設などの変化に伴うシステムおよびプロセスの状況 ● 力量評価 ● 外部委託する業務の管理状況 ● 課題設定のプロセス、各種プロセスの変更や管理状況、など

内部監査は、1年に一度、実施する組織が多いと思いますが、多くの組織では、月例の経営者が出席する会議などがあるでしょう。また、現場では労使が安全パトロールなどを実施していると思います。こうした機会を内部監査と捉えて計画し、月ごとに監査の項目を明確にして運用するのもよいと思います。

　内部監査には、事務局主導型と現場主導型があります。内部監査のやり方などがよくわからないステージ（例えば、システム運用初期など）は、事務局主導にならざるを得ません。監査員も事務局員から選出され、チェックリストも事務局が作成するケースが多いかもしれません。

　事務局主導型では、取組み課題を事務局が指定し、監査員が監査スキルを積みやすく、規格の理解も深まるなどの点で利点があります。さらに、組織全体の成果のまとめなどがしやすいことも事実です。しかし、いつまでもこのタイプでは「現場や工場は、言われたことだけすればよい」ということになりがちです。現場で、自主的に取組み甲斐のある課題を設定して取り組むことは、達成意欲の点でも大きな違いが出てきます。

　また、監査員を固定してしまうと、現場をよく知る者が監査員として登用され、マネジメント能力の向上などを図る機会がないことになりかねません。長い目で見るとできるだけ多くの人材が監査する経験をもつことが会社のため、また個人のためになると思われます。

　チェックリストも、個々の監査員が「今内外で問題になっていること」「被監査部門で確認したいこと」などを自由に織り込んで作成し、規格要求事項との紐づけは後で行う方法もあります。

　内部監査全体の計画、内部監査前後の監査員の会議開催、監査の重点の確認、監査結果のまとめとフォローアップ、監査員の育成などは、事務局が担うのが適当でしょう。

2.7　内部監査員の力量向上に向けて

　内部監査員の力量向上に関しては、ISO 19011規格が参考になりますが、市販の書籍や研修テキストでその内容を紹介していますので、ここではその繰り返しはしません。

　さて、内部監査員として望ましい性格や振る舞いには、天性的なものもあります。しかし、多くは意識して振る舞うことで良い結果を生むことができます。

　内部監査員としては以下の点に留意してもらうとよいと思います。

　第一に、「改善意欲をもって臨んでほしい」ということです。「被監査部門、会社のために改善すべきことは何か」を、規格にとらわれず意識したいものです。

　第二に、「リスクに敏感であってほしい」と思います。問題を起こせば顧客、利害関係者に大きな迷惑をかける可能性が高い設備、施設、プロセスに関しては、「リスク予防が十分か」優先的にチェックしたいものです。

　第三に、「人の話（被監査部門）に耳を十分傾けてほしい」と思います。相手に視線を合わせ、話を誠実に聞くことで、相手は監査員に信頼感を抱きます。信頼されれば、ありのままの情報を話して貰えるでしょう。

　第四に、「内部監査は決して糾弾の場ではなく、相談に乗って課題をともに解決する場である」と考えてください。そのためには、被監査部門が抱えている難題に正面から向き合い、事情によっては後日その問題に限定して話合いの場を設けてもよいと思います。

　内部監査員の力量としては、被監査部門の業務を理解できることが重要です。そのためには技術的、法律的知識も必要な場合が少なくありません。監査員全員が高度の知識をもつことは理想ではありますが、特に現場監査では、誰か一人でもその現場の作業、設備、使用原料、関連する技術、法令などがわかる人がいてほしいものです。誰でも自分が知ら

ないこと、理解していないことは監査できません。

　専門知識は、一朝一夕には身につかないでしょう。しかし、知ろうとする意志さえあれば、インターネットからでもかなり高度な知識を得ることはできます。疑問をもったとき、5分、10分でも調べたり、被監査側に質問したりして積み上げることが大切です。

2.8　内部監査と第三者審査

　内部監査でチェックしにくい事項として、以下のようなものが挙げられます。
- 経営者の役割と責任
- 経営者の判断（例えば、管理責任者の選定理由）
- 組織の慣習、都合を優先する意識（村意識）
- 上位職者などの振る舞い

　全権を握っている経営者に対して面談で率直にインタビューすることは容易でないケースも多いと思います。経営者がMSのなかで重要な役割を担っていることは事実ですので、記録などで「その責任が果たされているか」を確認するのも一つの方法でしょう。一方、第三者審査員は経営者に対して直接の利害関係がないのでインタビューにおいて、より踏み込んだチェックが期待されます。

　改ざんなどを正当化する理屈として、「この程度は実害がない」「規則（あるいは顧客との取り決め）どおりでは、不良が増える」「検査方法や基準が古く実情に合わない」などでしょう。組織の都合を優先する慣習や強い意識がある場合、内部監査でこのような問題を取り上げることは容易でないと思います。しかし、このような問題を見出した場合、担当者を責めるのではなく、「顧客満足の視点から適切かどうか」「レベル向上（不良の削減）に反しないかどうか」、顧客と「現在の許容限度が適切か」などを話し合うことはできないでしょうか。

2.9　内部監査の視点と役割

　内部監査の要求者は経営者です。したがって、経営者が知りたいこと、懸念していることを正確に把握して経営者に成り代わって実情を報告することが大切です。
　経営者としては、以下の事項に関心があると思われます。

- 経営に影響するような不具合（リコール、生産障害など）が予防されているか。
- 重要な改善目標が達成されているか。
- 不具合が再発していないか。
- 法令等が順守されているか。
- 実施部隊が経営者の指示どおり、期待どおりに活動しているか。
- 顧客や利害関係者との関係は良好か。
- 事業に悪影響を及ぼすような事態は予防されているか。

　一方、ISO の MS は、顧客や利害関係者の期待に応える成果や運用が求められています。したがって、このような見方から内部監査員は以下をチェックする必要があります。

- 製品検査などが適切か。検査データは信用できるか。
- 工場内の防災、施設管理は十分で、供給の障害になるリスクはないか。
- いつでも顧客は利害関係者に見せられる、説明できるような透明性の高い運用が行われているか。
- 顧客や利害関係者と積極的にコミュニケーションして説明責任を果たしているか。
- 供給不安を起こさないよう品質、流通、製造、外注先などが管理されているか。
- コンプライアンスは十分か。
- 顧客情報の流出懸念はないか。

内部監査員の役割には、「不適合の検出、是正処置(再発防止)、さらに是正処置が真の原因の除去になっているか(処置の有効性)」などの確認がありますが、多くの書籍で解説されていますので、本書では具体的な説明は行いません。

第3章
品質マネジメントシステム 内部監査の実践的なポイント

3.1 プロセスとは

■ここでのポイント！
① プロセスとは、簡単に考えると"段取り"である。
② プロセスアプローチとは、"業務のつながり"を見ることである。

　本章では、内部監査員として押さえておきたい品質マネジメントシステム（以下、QMS）の基本的な概念・原則として、プロセスおよびプロセスアプローチについて解説したいと思います。

　QMSを理解するうえで避けて通れないものとして、「プロセス」があります。「プロセス」とは一体何なのか。

　ここでは、難しい理屈は抜きにして、リンゴジュースができるまでを使って説明したと思います。ただし、つくるモノはリンゴジュースにこだわる必要はありません。ミックスジュースでもカレーライスでも想像しやすいものに置き換えてください。

　つくるモノはリンゴジュースなので材料はリンゴです。他に添加物を入れないので、果汁100％のリンゴジュースとなります（図3.1）。

　ではここで質問です。リンゴからリンゴジュースをつくるとき、あなたならまず何から始めますか。リンゴを洗う、いやリンゴの芯をとる、いや私は先にカットするなど、人それぞれだと思います。リンゴを搾る

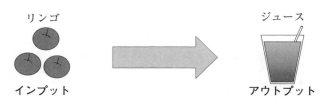

図 3.1　リンゴジュースができるまで 1

ときもミキサーを使う人、下ろし金を使う人など、ここでも異なる方法を採用される方がいると思います。

できるモノは同じリンゴジュースでも、その作り方はさまざまです。この作り方の"段取り"のことを QMS では「プロセス」とよんでいます。この"段取り"(プロセス)のことは、工程、過程、活動、業務などさまざまな表現にできますが、皆さんの会社で使用している表現で構いません。ここでは、「工程」として説明していきます。

図 3.2 では、リンゴからリンゴジュースをつくる工程を①皮をむく、②カットする、③ミキサーにかける、④出来栄えを確認するという 4 つの工程で構成しています。この 4 つの工程は、さらに詳細に見ていくと、それぞれの工程で人(Man)、設備(Machine)、手順(Method)、測定(Measurement)の要素が関係しています。手順は、文書化したときには手順書、マニュアル、規定とよぶ文書になります。この 4 つの要素のことを英語の頭文字をとって、4M とよんでいます。これに材料(Material)の M を加えて、5M とよぶこともあります。

さて、リンゴジュースを家庭でつくるだけなら多少まずくても文句はいえませんが、これを商品として売るとなると話が少し変わってきます。「たかがリンゴジュース、されどリンゴジュース」となります。

リンゴジュースの品質を一定に保つためには、上記の 4M を管理することが必要です。

❶　人：リンゴジュースをつくる人(QMS では、「人々」といいます)が一人前になるには教育・訓練が必要です。そして、一人前の力

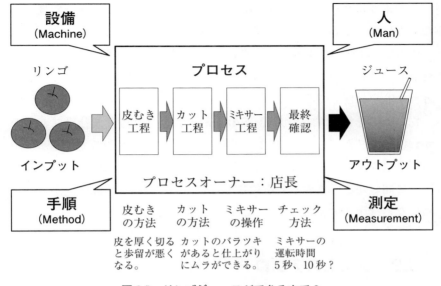

図 3.2 リンゴジュースができるまで 2

量のある人が作業に従事することが品質を担保する第一歩です。

❷ 設備：ミキサーもメーカーの異なるものを数台揃えるとカッターの刃の形状が異なることから、同じ時間作動させても出来栄えが異なるかもしれません。使い終わった後の設備はきれいに洗浄することも必要です（QMSでは、「設備の管理」といいます）。

❸ 手順：従業員が作業内容を理解しやすいように手順を決める必要があります。そして、作業者が代わっても同じ手順で作業ができるように作業マニュアルを作成することも必要となるかもしれません（QMSでは「手順（書）」といいます）。

❹ 測定：商品の注文をもらってからお客様に出すまでの時間（タクトタイムといいます）に人によるばらつきがあっては苦情の元になります。「すべての工程を一人でこなすのか、分業して行うのか」によっても作業効率が変わってきます（QMSでは、「監視・測定」といいます）。

このようにそれぞれの工程の段取りが明確にされ、しっかり管理された状態になっていれば、リンゴジュースの品質は安定します。

図3.2ではリンゴジュースを製品に見立てて説明しましたが、これを皆さんの会社の製品に置き換えてみて「プロセスが明確になっているかどうか」を確認してみてください。

プロセスを管理する要素(上記の4M)をはっきりさせて仕事にとりかかれば、ミスが減り、(製品またはサービス含む)不適合の発生率が下がることになるでしょう。また、思いどおりにいかない場合でも、「どの要素に問題があったのか」を知ることができるため、問題解決がより容易になるはずです。

3.2　プロセスアプローチとは

プロセスの意味が理解できたところで、次の課題はプロセスアプローチです。プロセスのことは「段取り」と説明しましたが、アプローチとは「近づくこと」「建物・施設への導入路」「ゴルフで、グリーン近くからの寄せ打ち」「登山口、または登はんルートの取り付きまでの行程」など辞書を引いてもさまざまな意味があります。そのため、本章では、「工程のつながり」として説明します。

工程を管理することをQMSでは、マネジメントといいますが、「工程のつながり」をしっかり見て、次の工程につなぐことをQMSでは「プロセスアプローチ」とよんでいます。

ISO 9001：2008(以下、旧規格)になりますが、プロセスアプローチのことを次のように説明しています。

> ISO 9001(JIS Q 9001)：2008 規格
>
> 0.2　プロセスアプローチ
> …(中略)…

> 組織内において、望まれる成果を生み出すために、プロセスを明確にし、その相互関係を把握し、運営管理することと併せて、一連のプロセスをシステムとして適用することを、"プロセスアプローチ"と呼ぶ。

一般にものを作って販売するには、営業、設計、購買、製造、検査、出荷などのプロセスが絡み合っています。顧客が望む製品は製造プロセスだけが頑張っても作れるとは限りません。複数のプロセスを総合的に管理して最適な結果を生むこともプロセスアプローチの意図といえます。

以上、おいしいリンゴジュース(QMSでは、「アウトプット又は意図した結果」といいます)をつくるための活動を管理することがプロセスアプローチであることがわかってもらえたと思います。リンゴジュースの品質を維持・改善していくためには、製造段階からお客様の手に届くまでの活動にしっかりプロセスアプローチをしていくことが必要です。

3.3　品質マネジメントシステムの主な要求事項について

■ここでのポイント！
① 要求事項は、規格の見出し全体を俯瞰して読み解くこと！
② 大事なことは、「製品又はサービス」の品質を保証すること！
③ PDCAサイクルのP(計画)を疎かにしないこと！

ここでは、QMSの主な要求事項について解説します。

図3.2のアウトプットはリンゴジュースでしたが、現実のアウトプットは皆さんの会社が顧客へ提供している「製品又はサービス」[1]に置き換えて考える必要があります。

表 3.1 は、ISO 9001：2015 の規格要求事項の見出しを記述したものです。要求事項は箇条 4 から箇条 10 までであり、本文に「組織は、〜しなければならない。」とあるので要求事項とよんでいます。要求事項の数は全部で 128 個あります（人によって数え方が多少異なります）が、128 個を個別に解説することは残念ながら紙面の関係でできないので、ここでは PDCA サイクルの流れに沿って要求事項を解説していきます。

表 3.1　ISO 9001：2015 の規格要求事項の見出し

```
4  組織の状況                          7.5  文書化した情報
  4.1  組織及びその状況の理解
  4.2  利害関係者のニーズ及び期待      8  運用  Do
       の理解                            8.1  運用の計画及び管理
  4.3  QMS の適用範囲の決定             8.2  製品及びサービスに関する要
  4.4  QMS 及びそのプロセス                  求事項
                                        8.3  製品及びサービスの設計・開
5  リーダーシップ                           発
  5.1  リーダーシップ及びコミット      8.4  外部から提供されるプロセス、
       メント                                製品及びサービスの管理
  5.2  方針                            8.5  製造及びサービス提供
  5.3  組織の役割、責任及び権限        8.6  製品及びサービスのリリース
                                        8.7  不適合なアウトプットの管理
6  計画  Plan
  6.1  リスク及び機会への取組み      9  パフォーマンス評価  Check
  6.2  品質目標及びそれを達成する      9.1  監視、測定、分析及び評価
       ための計画策定                  9.2  内部監査
  6.3  変更の計画                      9.3  マネジメントレビュー

7  支援                              10  改善  Act
  7.1  資源                            10.1  一般
  7.2  力量                            10.2  不適合及び是正処置
  7.3  認識                            10.3  継続的改善
  7.4  コミュニケーション
```

1）　QMS では、正しくは「製品及びサービス」ですが、ここでは製造業とサービス業をわかりやすくするために「製品又はサービス」と区別しています。

3.3.1 PDCA サイクルについて

　PDCA サイクルの P(Plan) に相当する要求事項は、箇条 6 の「計画」になります。同様に D(Do) は箇条 8、C(Check) は箇条 9、そして A(Act) は箇条 10 になります。そうすると、「箇条 4 の「組織の状況」、箇条 5 の「リーダーシップ」、そして箇条 7 の「支援」がどこにも該当するものがない」と気づいた方もいると思います。実はそのとおりで、箇条 4 は PDCA サイクルを動かすためのトリガーとなる要求事項、箇条 5 は全体にかかわる要求事項、箇条 7 は PDCA サイクルを支援する要求事項という位置づけになります。

　PDCA サイクルというと何やら面倒な気がしますが、大事なことはアウトプットである「製品又はサービス」の品質を保証することです。良い製品又はサービスを提供するには、計画・実施・評価、そして改善というステップが大切ということです。

　この考え方は、受験生の勉強スタイルと似ています。受験生は合格したい学校を目標に勉強します。ですが、やみくもに勉強するわけではありません。まずは、自己分析して今の自分の弱点を見い出します。この弱点を克服するために塾へ行ったり、苦手な科目の勉強時間を増やすなど工夫をします。ときには模擬試験で偏差値や順位を確認し、「今の勉強スタイルが有効かどうか」検証します。このように成果を出すには PDCA サイクルをうまく回すことがとても重要です。

3.3.2　事業プロセスと規格要求事項の関係

　ISO 9001：2015 では、旧規格に比べ結果をより重視するように改訂されています。これは一昔前の話ですが、「QMS を導入していてもガラクタばかり作っている組織が後を絶たない」と揶揄されたことに端を発します。この問題のことを「Output matters!（肝心なのはアウトプット）」といいます。

　そこで、規格の改訂作業において、「どうしたら意図した結果が得ら

れるようになるのか」がISO（国際標準化機構）においても議論され、その結果、「事業プロセスと規格要求事項とのさらなる統合が必要」との結論に至りました。形式的に要求事項を満たすだけでは、本来の品質を保証できないからです。それでは、「事業プロセスと規格要求事項を統合させる」とはどのようなことでしょうか。

図 3.3 は、事業プロセスの概念図を表したものです。一般的な組織は、本業とよばれる主要プロセス、それを支える支援プロセス（総務・人事・経理・設備保守など）、そして、組織を動かす経営プロセスの3つで構成されていると見なせます。これを規格要求事項に当てはめたものが、図 3.4 になります。

従来は、「顧客の要求に従って、「製品又はサービス」を提供する」という一連の流れだけでしたが、ISO 9001：2015 ではそれに加えて組織を取り巻くビジネス環境を的確にキャッチするための要求事項（4.1、4.2）が追加されました。

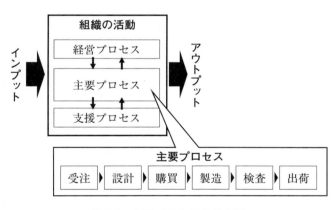

図 3.3　事業プロセスの概念図

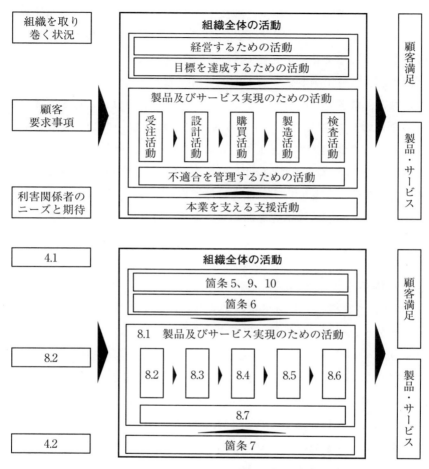

図3.4 事業プロセスと規格要求事項の関係

3.3.3 要求事項の概要
（1） 箇条4

　それでは具体的に組織のどのような活動が4.1、4.2に対応しているといえるのでしょうか。一般的に組織における重要な内外の課題、利害関係者のニーズ及び期待を抽出するのは、経営者が関与する経営会議、開発会議、製販会議、あるいは事業計画を策定するときなどが考えられま

す。もちろん課題は、現場レベルでもありますが、それらは日常業務のなかで取り上げられているので、ここでの課題は組織全体として対応が必要なものと考えるのが妥当です。

　例えば、予算申請が必要な設備の更新、人の採用、技術提携、法規制への対応、顧客要望の著しい変化などです。これらは、対応を見誤ると組織全体のリスクとなり、うまく対応できれば良い機会となると考えられるような課題です。そして、QMSの意図した結果（平たくいうと、「品質方針」に記載されている内容）に影響を及ぼすこれらの課題を「リスク及び機会」として捉え、品質目標に取り上げて対応する、あるいは新たな市場・顧客・提携先を開拓するなど、さまざまな方法で対応していくことになります。

（2）　箇条5

　「リスク及び機会」に果敢に挑戦するには、トップマネジメントの強いリーダーシップが必要不可欠です。そこで、トップマネジメントの関与を強化する要求事項が必要ということになり、箇条5に「リーダーシップ及びコミットメント」という要求事項が追加されました。

　その結果、組織を取り巻く外部及び内部の課題と利害関係者のニーズ及び期待を把握することで、トップマネジメントが課題解決に向け、リーダーシップを発揮しやすくなると考えたわけです。

　そして、トップマネジメントからの指示に従い、今やるべきことを課題対応（QMSでは「リスク及び機会への取組み」といいます）として、箇条6へ展開する構成としました。箇条4、5を経て、箇条6から始まるPDCAサイクルへとつながります。

（3）　箇条6

　PDCAサイクルのPlanに相当する箇条6では、事業リスクのうち品質にかかわる課題への対応が6.1で追加されました。6.2は従来どおり

ですが、「計画段階で結果の評価方法を決めておく」など、品質目標を達成するための追加的な要求事項があります。

　ここで考えるべきことは、「「リスク及び機会への取組み」と品質目標の中身をどこまで深く掘り下げて踏み込むか」ということです。例えば、先ほどのリンゴジュースのお店で考えると、近隣に同業他社が進出してくればそれは脅威となり得ます。健康ブームが起これば100％リンゴジュースは販売増の良い機会となるかもしれません。これらは、外的要因による外部不経済・外部経済のような事象ですが、「不測の事態にどれだけ真摯に取り組むか」が企業の生き残りを左右する時代になっている今、この課題への対応はますます重要になります。

（4）　箇条7

　箇条7は、PDCAサイクルを支援する規格要求事項としてまとめられたものです。個々の要求事項は、旧規格とほぼ同じ内容ですが、「7.1.6 組織の知識」が追加されました。

　ここでいう知識とは、個人が保有するものではなく、組織として保有するものです。担当者が退職したとたん業務に支障をきたすような属人的なシステムではなく、本来、組織として備えておくべき知識のことをいいます。簡単に言えば、「人に仕事がつくのではなく、仕事に人がつくことを確実にすることだ」と理解すればよいでしょう。

（5）　箇条8

　PDCAサイクルのDoに相当する箇条8は、旧規格の箇条7とほぼ同じ内容ですが、「変更に対する管理」「外部委託したプロセスに対する管理」が要求事項として強化されています。

　「変更に対する管理」とは、5Mの管理方法をあらかじめ決めておくというものです。図3.2で示したとおり、材料を変えたり、人が交代したり、設備を交換したり、手順を変えたり、作業時間を短縮したりとさ

まざまな変更を加えた際、多くの場合、品質不良が発生しやすくなるからです。変更に対する管理は、一種の予防処置といえます。

次に、「外部委託したプロセスに対する管理」ですが、これは国内・海外を含め1社ですべてを賄う垂直生産方式から分業化が進んでいる事態に対応したものです。

図3.5は、機能の一部を外部委託して製品を出荷する組織のイメージを表したものです。それでは、外部委託したプロセスが管理されているとはどのような状態であればよいのでしょうか。

委託するプロセスによって多少異なると思いますが、まとめると**表3.2**のようになります。このように委託前のプロセスが明確に定められていることを確認するとともに、「委託指示に沿ってプロセスが実施されているか」を検証することで外部委託したプロセスが管理されていることを確認することができます。内部監査ではこの点を踏まえて監査することになります。

(6) 箇条9・10

PDCAサイクルのCheck、Actに相当する箇条9と箇条10は、旧規格の箇条8とほぼ同じ内容ですが、監視、測定、分析から得られた情報をさらに評価する点が強化されています。評価とは、"良い・悪い"をはっきりさせることです。または、計画どおりの結果が出ているか判断

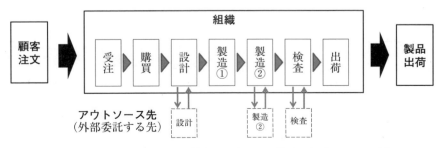

図3.5　機能の一部を外部委託して製品を出荷する組織のイメージ

表 3.2 アウトソース先の管理項目

- 委託する製品又はサービスの仕様(形状、色、機能、性能、操作方法、使用する部品、採用する規格、価格、使用するパソコンの OS など)が明確に明示されている。
- 委託する製品又はサービスに対して発注元と委託先との役割が明確に明示されている。
- 委託する製品又はサービスの数量及びその納期が明確に明示されている。
- 委託する製品又はサービスの納品形態が明確に明示されている。
- 委託する製品又はサービスに従事する作業者の要件(資格、経験、訓練内容、技術力、知識など)が明確に明示されている。
- 委託する製品又はサービスに関する作業手順(検査方法含む)が明確に明示されている。
- 委託する製品又はサービスで使用する設備・監視機器・測定機器が明確に明示されている。
- 委託する製品又はサービスを不適合とする場合の基準が明確に明示されている。
- 委託する製品又はサービスに対して発注元による監査の有無について明確に明示されている。
- 委託する製品又はサービスに対して委託先から提出してもらう作業日報、教育・訓練記録、検査成績書などパフォーマンスに関する情報が明確に明示されている。

することです。

　例えば、顧客満足度についてアンケート調査を実施している組織は多いと思いますし、アンケートの結果をグラフ化して要因まで分析していると思います。ISO 9001：2015 では、「アンケートの結果を踏まえ、どのようにプロセスや製品又はサービスを改善するのか」まで踏み込まなければなりません。そのため、内部監査の場面では、データが集計されているだけの資料に対して「その資料から次へどのようにつなげることができるのか」について、しっかりと確認することが必要となります。

3.4　品質マネジメントシステムが必要な主な背景

■ここでのポイント！
① QMSの狙いは、一貫して適合品の提供と顧客満足にあります。QMSは購入者のための規格と心得る！
② 人のふり見てわがふり直そうQMS！　行政機関のWebページにはクレーム・苦情・不適合品・事故事例が数多く掲載されているので参考にする。

　現在の商いは、いいモノを作れば売れるという時代から、顧客が求めるものを適正な価格で提供する時代に変化しています。そのため、「顧客が求めているものは何か」を理解し対応することが肝要です。
　QMSの狙いは、ISO 9001：2015で以下のように規定されています。

ISO 9001（JIS Q 9001）：2015 規格

1　適用範囲
　この規格は、次の場合の品質マネジメントシステムに関する要求事項について規定する。
　a）　組織が、顧客要求事項及び適用される法令・規制要求事項を満たした製品及びサービスを一貫して提供する能力をもつことを実証する必要がある場合。
　b）　組織が、品質マネジメントシステムの改善のプロセスを含むシステムの効果的な適用、並びに顧客要求事項及び適用される法令・規制要求事項への適合の保証を通して、顧客満足の向上を目指す場合。

3.4 品質マネジメントシステムが必要な主な背景　61

　規格の要求事項は、その時代に合わせて改訂されていますが、QMSは一貫して適合品の提供と顧客満足を狙いとしていることがわかります。このことは、QMSが求められる理由でもあり、現在でも品質不良(昨今は不適合品を隠す不正もありますが)が多発していることからも重要であることがわかります。詳しくは、表 3.3 に示した団体のWebページを確認してください(いずれも 2018 年 8 月 21 日確認)。リコール、苦情、不良、事故などの発生が多数あることに驚くと思います。

表 3.3　業界別行政・団体の事故・リコールなど情報

業界	行政・団体
全般	● 消費者庁の Web ページ 　http://www.recall.go.jp/ ● 独立行政法人国民生活センター事故情報データバンクシステム 　http://www.jikojoho.go.jp/ai_national/
自動車	国土交通省「自動車のリコール・不具合情報」 http://www.mlit.go.jp/jidosha/carinf/rcl/index.html
電気	● 経済産業省「リコール情報」 　http://www.meti.go.jp/product_safety/recall/ ● 独立行政法人製品評価技術基盤機構「製品事故情報・リコール情報」 　https://www.nite.go.jp/jiko/jikojohou/index.html
IT 関連	● 独立行政法人 情報処理推進機構「情報システムの障害状況」 　https://www.ipa.go.jp/sec/system/system_fault.html
食品	● 厚生労働省「食品衛生法に違反する食品の回収情報」 　http://www.mhlw.go.jp/stf/seisakunitsuite/bunya/kenkou_iryou/shokuhin/kaisyu/index.html ● 一般財団法人　食品産業センター「食品事故情報告知ネット」 　http://www.shokusan-kokuchi.jp/

　表 3.3 で公開されている事例は、大手企業あるいは完成品メーカーのものですが、中小規模の組織でも表 3.4 に示すクレーム・不適合品および事故があります。
　このようにクレーム・不適合品・事故が発生している現状を踏まえ、QMSではその場の処理(QMSでは修正といいます)だけではなく、そ

表 3.4　中小規模の組織での事故および対策（例）

No.	内　容	原　因
1	【設計・製造会社】 　小ロット生産を主とする設計・製作会社において、依頼品である特殊油圧ジャッキの仕様違いによる品質クレーム	納入先は大手重機メーカーであるが、発注は商社経由で同社に出されるため、大手重機メーカーの仕様変更を商社の担当者が気づかなかったことで、当初の仕様のまま納品したことが原因。 【対策】 　仕様確認をこれまでの口頭から、統一様式を新たに作成し、三社が仕様を確認することとした。また、仕様変更がある場合、発注者から統一様式で同社へ連絡を直接入れてもらえるように確認ルートを変更してもらった。
2	【鍍金会社】 　鋼材の切削加工品のメッキにおいて、一部の製品にふくれ、錆が発生。	顧客から支給された素材の一部に切削加工面の状態が悪いものが混じっていたことが原因。 【対策】 　被膜ではカバーしきれないことから、顧客へ切削加工の条件を変更してもらい、切削加工品の不適格品が混在しないように依頼。同時に鍍金前の素材の表面観察をサンプリングで自社でも行うことを決定。
3	【介護施設】 　同姓同名の利用者に対して、食後の薬を間違えて与薬してしまった。	他施設から応援に来たケアワーカーが同姓同名者のいることを知らされていなかった。 【対策】 　新たに入られた職員に対しては必ず同姓同名者の有無を連絡事項に盛り込むことにした。

　の原因を追究し、再発防止に努めることが要求事項となっています（QMSでは是正処置といいます）。また、発生そのものを事前に予測し対応をとることも要求事項となっています（QMSでは、「予防処置」といいます。ISO 9001：2015では予防処置という用語がなくなり、「リスク及び機会への対応」となっています）。

　「リスク及び機会」は、品質目標と同様に、PDCAサイクルの計画（Plan）に該当します。計画段階で不適合を未然に防止することができれば、手直しなどの手間が省け、余分なコストもかからずに済みます。そして、何よりも顧客の信頼が増します。

顧客あるいは行政監査は、そのときのパフォーマンスを評価していますが、「QMSを導入する」ということは、「継続的に導入した仕組みが維持・改善されていく」という顧客目線に立った仕組みであることを意味します。

3.5　関連法令や主な顧客要求事項

■ここでのポイント！
① 　QMSでの法令・規制要求事項とは、「製品及びサービス」に関するものであるが、それに限定せず広く捉えて内部監査することも有効である。
② 　内部監査では、顧客要求事項は仕様書も確認することが重要である。

ISO 9001：2015の適用範囲に「法令・規制要求事項を満たした製品及びサービスを一貫して提供する能力をもつこと」と規定されていることからも、法令・規制要求事項を満たすことが重要視されていることがわかります。

ここで少し用語を整理しておきたいと思います。QMSにおける法令・規制要求事項とは、具体的にどのような意味をもつのでしょうか。ISO 9000：2015では、法令要求事項を次のように定義しています。

　　　ISO 9001（JIS Q 9001）：2015 規格

3.6.6　法令要求事項（statutory requirement）
　立法機関によって規定された、必須の要求事項（3.6.4）。

「規制要求事項」の定義はないため、国語辞典で調べることになりま

す。一般的には、「規則に従って物事を制限すること」(『デジタル大辞泉』)と解釈できます。身近な例では、「交通規制」があります。

ISO 9001：2015で法令・規制及び顧客要求事項が規定されている箇所は、**表3.5**のようになります。

表3.5　ISO 9001：2015で法令・規制及び顧客要求事項が規定されている条項

No	規格要求事項
①	4.1　組織及びその状況の理解 　　注記2　外部の状況の理解は、国際、国内、地方又は地域を問わず、**法令**、技術、競争、市場、文化、社会及び経済の環境から生じる課題を検討することによって容易になり得る。
②	4.2　利害関係者のニーズ及び期待の理解 　　次の事項は、**顧客要求事項**及び適用される**法令・規制要求事項**を満たした製品及びサービスを一貫して提供する組織の能力に影響又は潜在的影響を与えるため、組織は、これらを明確にしなければならない。
③	5.1.2　顧客重視 　　トップマネジメントは、次の事項を確実にすることによって、顧客重視に関するリーダーシップ及びコミットメントを実証しなければならない。 　　a)　**顧客要求事項**及び適用される**法令・規制要求事項**を明確にし、理解し、一貫してそれを満たしている。
④	8.2.2　製品及びサービスに関する要求事項の明確化 　　**顧客に提供する製品及びサービスに関する要求事項を明確にするとき、組織は、次の事項を確実にしなければならない。** 　　a)　次の事項を含む、製品及びサービスの要求事項が定められている。 　　　　1)　適用される**法令・規制要求事項**
⑤	8.2.3　製品及びサービスに関する要求事項のレビュー 　　8.2.3.1　組織は、顧客に提供する製品及びサービスに関する要求事項を満たす能力をもつことを確実にしなければならない。組織は、製品及びサービスを顧客に提供することをコミットメントする前に、次の事項を含め、レビューを行わなければならない。 　　a)　**顧客が規定した要求事項**。これには引渡し及び引渡し後の活動に関する要求事項を含む。 　　d)　製品及びサービスに適用される**法令・規制要求事項** 　　e)　以前に提示されたものと異なる、**契約又は注文の要求事項**

表3.5　つづき

No	規格要求事項
⑥	8.3.3　設計・開発へのインプット 　組織は、設計・開発する特定の種類の製品及びサービスに不可欠な要求事項を明確にしなければならない。 　組織は、次の事項を考慮しなければならない。 　　c)　**法令・規制要求事項**
⑦	8.4.2　管理の方式及び程度 　1)　外部から提供されるプロセス、製品及びサービスが、顧客要求事項及び適用される**法令・規制要求事項**を一貫して満たす組織の能力に与える潜在的な影響
⑧	8.5.5　引渡し後の活動 　要求される引渡し後の活動の程度を決定するに当たって、組織は、次の事項を考慮しなければならない。 　　a)　**法令・規制要求事項**

　このようにQMSに関係する法令・規制及び顧客要求事項は、基本的には「製品及びサービス」に関係するものになります。他方、業種に特有の法令・規制要求事項又は顧客要求事項を組織ですべて守らなければいけない事情に変わりはありません。したがって、内部監査では法令・規制及び顧客要求事項を限定的に捉えるのではなく、可能な限り広く捉えて運用することも必要です。例えば、**3.1節**で紹介したリンゴジュース(**図3.2**)ですが、販売するとなると製品に関する法規制として食品衛生法が関係します。

　表3.6は、わが国における製品安全に関係するものです。完成品については、PL法(製造物責任法)がすぐに思い浮かびますが、他にも商品の価格が曖昧でPOPなどの表示が過大広告になっていると景品表示法違反になるかもしれません。

　この他、直接・間接的に関係する法令・規制要求事項を業界別で見ると**表3.7**のようになります。

　上記以外にも該当するものはあると思います。コンプライアンスの強化は、今や組織として必要不可欠な活動です。内部監査では、品質リス

表3.6 わが国における製品安全に関係する法律

法律	製品
道路運送車両法	自動車
消費生活用製品安全法	消費生活用製品(一般消費者の生活の用に供される製品(自動車などを除く))
電気用製品安全法	電気用品
薬事法	医薬品、医薬部外品、化粧品若しくは医療機器
食品衛生法	食品(医薬品、医薬部外品は含まない)、添加物、天然香料、器具(食器など)
LPガス保安法	液化ガス・石油ガス機器
ガス事業法	ガス用品、ガス消費機器
有害物質を含有する家庭用品の規制に関する法律	家庭用品

表3.7 業界別関連法令

業界	関連法令
自動車・電気業界	欧州へ輸出する場合、EU指令(特に有害物質含有にかかわる法規制)
化学品業界	化学物質の審査及び製造等の規制に関する法律(化審法)、外国為替及び外国貿易管理法、労働安全衛生法、消防法
IT業界	著作権法、個人情報保護法、不正アクセス禁止法、マイナンバー法
建設業界	建築基準法、バリアフリー新法、ハートビル法、耐震改修促進法、消防法、省エネ法
医療・福祉系業界	医療法、医師法、薬事法、保健師助産師看護師法、老人福祉法、介護保険法、児童福祉法、児童福祉施設最低基準、保育所保育指針(厚生労働省)、学校教育法、私立学校法、幼稚園教育要領、身体障害者福祉法、知的障害者福祉法、精神保健及び精神障害者福祉に関する法律、児童福祉法、生活保護法、障害者の日常生活及び社会生活を総合的に支援するための法律

クにつながる恐れのあるものは、広く捉えて検証することを推奨します。

一方、昨今の品質に関連する企業の不正・不良には、「顧客の求める検査を契約で決められた手順に従って実施していない」「新車の検査で燃

費・排ガスデータの書き換えを行った」「アルミ・銅製部材の品質検査でデータを改ざんした」「新幹線の台車枠の部材を基準より薄く削った」という事例が発生しています。「社内検査にはすべて合格している」「法令違反ではない」「品質に問題はない」と説明しているケースもありますが、顧客要求事項をないがしろにしていることは事実です。

内部監査では、法令・規制要求事項だけではなく、顧客要求事項(品質に関係するものは仕様書など)にも気をつけて確認することが必要です。

3.6　監査の主な目のつけどころ

> ■ここでのポイント！
> ① 決められたことが実施されているか確認する(適合性)。
> ② ①のやり方が効果的か判断する(有効性)。
> ③ ②の判断は、「意図した結果」を達成しているか否かで検証する。
> ④ 固有技術も含めて、ヒアリングの基本は5W1Hで聞く。

内部監査は、規格要求事項(9.2)に規定されているとおり、大きく2つの目的があります。一つは、「適合性」を見ること、もう一つは「有効性」を見ることです。この「適合性」は、「組織自体が規定した要求事項」と「この規格の要求事項」の2つを確認する必要があります。

「組織自体が規定した要求事項」は、平たく言うと「決めたことを決めたとおり実施しているか確認すること」となります。この「決めたこと」が曲者です。それは、どんなに面倒なやり方(非効率的なやり方)で実施していても決めたとおり実施していれば適合となるからです。

しかし、それでは進歩がありません。そのため、「有効性」も見ることが要求事項となっています。現場監査での目のつけどころは、まさに

「この"有効性"をどう見るか」によるといえます。

「有効性(effectiveness)」の定義は、「計画した活動を実行し、計画した結果を達成した程度」とされています。したがって、「結果がどの程度だったか」を見ることになります。達成した程度がとても良い場合は、内部監査で指摘することはないかもしれません。しかし、達成した程度が悪い場合(目標が未達の場合など)、「その原因がどこにあるのか」を確認する必要があります。結果の多くが本業のプロセス(図 3.4)から生み出されることを考慮すると、現場監査では必然的に箇条 8 を中心に見ていくことになります。箇条 8 は、要約すると次の 7 つの活動で構成されています。

① 運用の計画　　⑤ 製品又はサービス提供の活動
② 営業(契約)活動　⑥ 確認活動
③ 設計(開発)活動　⑦ 不具合対応
④ 調達活動

これらの活動を通じて「プロセス」を内部監査で見ることになりますが、それぞれのプロセスには、「意図した結果」(アウトプットというときもあります)というものがあります。例えば、営業(契約)活動の「意図した結果」は、「見積書」「契約書」「注文書」に加え、売上高、利益、新規顧客数(これらは品質目標として設定されているかもしれません)などが考えられます。これら「意図した結果」の「有効性」を検証することになります。

検証するやり方は、難しく考えず図 3.2 で示したリンゴジュースができるまでを思い出してもらえればよいと思います。「リンゴジュースをつくるそれぞれのプロセスがどのように管理されているか」を 4M の管理状況で調べることになります。どのように調べるかは、5W1H で確認する方法が効果的です(英語の頭文字からとった略語)。

☐　What(それは何ですか?)
☐　When(それはいつやるのですか?)

☐ Where(それはどこでやるのですか？)
☐ Who(それは誰がやるのですか？)
☐ Why(それはどうしてやるのですか？)
☐ How(それはどのようにやるのですか？)

　内部監査員の任命を受けた方が、「私は被監査部門の業務内容をよく理解していないけど大丈夫でしょうか？」と心配されることがあります。これはそのとおりで、監査する部門の業務内容を理解しているほうが全く知らないよりいいに決まっています。それは道理といえます。特に製造工程では、その組織固有のノウハウ(QMSでは、「組織の知識」[2])といいます。

　全く知らずにしかも何も準備もせずに内部監査に臨むことは、さすがに被監査部門に対して失礼です。そうならないために、監査の通常3週間前に内部監査員と被監査部門双方に監査の案内が通知されます。そして、内部監査員はその間に被監査部門の文書・記録・前回監査の報告書を確認することができます。この準備を入念に行うことで全くわからないレベルから、多少わかるレベルになるはずです。そして、「事前準備で調べたこと」「内部監査時に調べたいこと」を後述するチェックリストに記載しておけば万全の準備となります。

　筆者(元廣)は、被監査部門の業務内容(知識、固有技術含む)に関する内部監査について、以前外国人審査員に聞いたことがあります。すると彼の回答も「業務については、理解しているほうがよい。だけど知らなくても監査はできる」ということでした。それで、「Why(どうしてですか？)」と尋ねると、「My best partner in the audit is 5W1H.」("監査での私のベストパートナーは5W1Hだよ"。確かそう言ったと思います)ということでした。その理由は、内部監査では基本的には仕組みを

---

[2]　もっと平たく言うと、「うちのウリは何ですか？」と聞いたときに「極細の穴を空ける超精密加工だよ」と自然体で答えが出てくる感じです。

調べているので、個々の製品そのものを評価しているわけではないということです。製品そのものは、検査工程で検査員が評価しています。そのやり方が間違っているとはいくら内部の人間でもそこまではわかりません。しかし、①なぜその検査方法を採用しているのか、②誰がその検査を行うことができるのか、③検査はいつ、どこで、どのように行うのか、④その検査の結果、どういう状態だと不合格品となるのか、などわからないながらも5W1Hで聞いていけば、自ずと「検証したい事象が要求事項に適合しているかどうか」確信がもてるようになるものです。

3.7　現場監査の目のつけどころ

■ここでのポイント！
① 内部監査員はタートル図を念頭にプロセスを確認するとよい。
② ボトルネックとなっている業務を特定し、そこを改善するよう指摘するとよい。

　現場監査は、一般的に図3.4の本業に相当するプロセスを監査することになります。そのときに役に立つのが図3.6(pp.72-73)の各プロセスのタートル図(カメ(英語でタートル)を上から見た図のことです)です。
　ここでは、受注プロセス、設計プロセス、検査プロセスを取り上げていますが、組織の実態に合わせて考えてください。例えば、営業プロセスを内部監査している場面を想定してみましょう。営業プロセスといっても、顧客からの引合い、営業マンによる顧客訪問、価格交渉、見積作成、契約書作成、受注とさまざまなプロセスがあります。内部監査員として、どのプロセスに注目したいのか、まずそこから決めなければなりません。ひとたび決まれば後は4Mチェックです。その業務を行うために必要な知識、手順(例えば、利益率の確保、当社のリードタイム、納

入方法など)が決められたとおり実施されているか確認することになります。もしかすると、販売目標を達成するために無理な価格設定や納期設定をしているかもしれません。ここでの取決めは、次に続く購買プロセス、製造プロセスへしわ寄せとなって現れます。

購買担当者が材料の仕入れ先に無理な値引きをお願いしないといけなくなるかもしれませんし、製造現場では短納期に対応するため機械の段取りを生産計画から逸脱して実施しなければならないかもしれません。無理な受注活動が現場での残業につながっているかもしれません。各部門が密になってコミュニケーションがとられていれば、短納期でも対応ができると思いますが、そうでない場合、社内のコミュニケーションプロセスにメスを入れたほうがよいかもしれません。

このように、内部監査は自社の仕組みのボトルネックを抽出し、そこを改善することでより効果的なプロセスに進化させることができる活動です。内部監査の結果、全体最適化を図ることが可能です。

3.8 チェックリストの例

■ここでのポイント！
① チェックリストは、(規格要求事項を逐条的に確認するのではなく)業務の流れに沿って規格要求事項との適合性を確認するとよい。
② タートル図と5W1Hの質問方法を駆使するよい。
③ 質問はアウトプット(製品)から遡って確認するバックキャスティング手法が有効である。

それでは、ここまでの解説を踏まえて、架空の組織をモデルに内部監査のためのチェックリストを作ってみましょう(図3.7)。

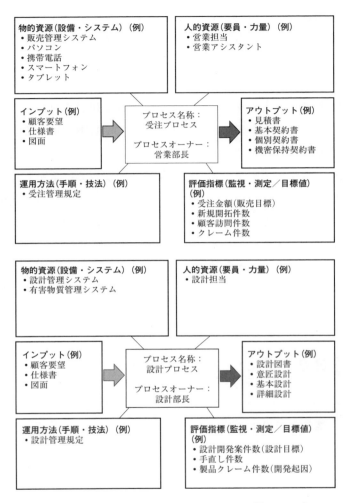

図 3.6　プロセス

　チェックリストでは、図3.6で示したタートル図と4M(人(Man)、設備(Machine)、手順(Method)、測定(Measurement))を組み合わせたものをここでは準備します。先ほど営業プロセスを例に挙げたので、ここでは製造プロセスを見てみたいと思います。

3.8 チェックリストの例　73

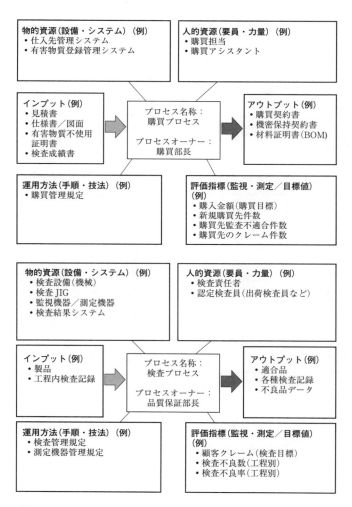

ごとのタートル図

　いかがでしょうか。規格要求事項の箇条を質問の後ろにつけていますが、これは後で記載することでも構いません。規格要求事項の箇条どおりに内部監査するよりプロセスに着目して内部監査を行うほうが実務的であることがわかります。

74　第3章　品質マネジメントシステム内部監査の実践的なポイント

被審査組織名：製造部	対応者：菅原部長、西垣課長
適用規格名：JIS Q 9001：2015	審査対象：製造プロセス
審査員：田中浩二	審査日時：2018年7月25日

物的資源(設備・システム)（例）
- 製造施設(建屋)
- 製造設備(機械)
- 製造 JIG
- 監視機器／測定機器
- 生産管理システム

人的資源(要員・力量)（例）
- 製造責任者
- 特殊工程作業者
- 認定作業者(受入・工程内検査員)
- 有資格者(プレスなど)
- 有機溶剤作業主任

インプット（例）
- 製造仕様書
- 図面
- 部品／材料
- 生産計画書
- 製造指示書

プロセス名称：
製造プロセス

プロセスオーナー：
製造部長

アウトプット（例）
- 完成品
- 各種検査記録
- 生産実績データ

運用方法(手順・技法)（例）
- 生産管理規定
- 製造管理規定
- 設備管理規定
- 製品検査規定
- 各種作業標準(組立・梱包など)

評価指標(監視・測定／目標値)（例）
- 検査不良率(製造目標)
- 機械チョコ停時間
- 製造コスト対計画達成率
- クレーム件数

質問

【アウトプットからのアプローチ】
□これは完成品ですか？　それとも仕掛品ですか？［8.5.2］
□完成品であれば、すべての検査が終わったことはどうやってわかりますか？［8.6］
□完成品の保管置場はどこですか？［8.5.4］

【運用方法に対するアプローチ】
□製造業務について、その流れを説明してください。［8.1］
□生産指示は、誰がどのように出していますか？［8.1］
□この製品に関係する手順書には何がありますか？［7.5］
□作業工程に対して実施した内容を記録していますか？［8.5.1］

図 3.7　製造プロセスにおけるチェックリスト

☐この製品では、外部委託する工程はありますか？ [8.4]
☐外部委託先の管理は、誰がどのように行っていますか？ [8.4]
☐外部委託先を含めて、不適合品の発生はありましたか？ [8.7]
☐ポカミスを防止するためにどんなことをされていますか？ [8.5.1]
☐この製品に対する固有技術には何がありますか？ [7.1.6]
☐製造工程をこれまでに変更したことはありますか？ [8.5.6]
☐ある場合、誰がその変更を許可しましたか？ [8.5.6]

【人的資源に対するアプローチ】
☐従事する作業者の力量はどのように担保していますか？ [7.2]
☐作業者が必要な力量があることの証拠は何ですか？ [7.2]
☐品質目標についてどのように作業者へ認識させていますか？ [7.3]

【評価指数に対するアプローチ】
☐現在の工程は生産計画どおり進んでいますか？ [9.1.1]
☐製造プロセスの品質目標は何ですか？ [6.2]
☐監視・測定している項目は何がありますか？ [9.1.1]
☐その監視・測定は、誰がいつ行いますか？ [9.1.1]
☐監視・測定した結果から分析したものはありますか？ [9.1.3]

【物的資源に対するアプローチ】
☐この製品を製造するために必要な設備は何ですか？ [7.1.3]
☐その設備は誰がどのように管理していますか？ [7.1.3]
☐製造するために必要な作業環境として何がありますか？ [7.1.4]
☐工程内で検査するための監視機器・測定機器は何ですか？ [7.1.5]
☐それら機器の点検記録や校正記録はありますか？ [7.1.5]
☐顧客から支給された材料・JIGなどありますか？ [8.5.3]
☐ある場合、その管理は誰がどのように行っていますか？ [8.5.3]
☐同様に外部委託先の所有物になるものはありますか？ [8.5.3]

図3.7 つづき

　ところで、一般的に内部監査は、部門あるいは部署ごとに実施されるケースが多いと思います。しかし、そのやり方ではプロセス間のつながりがわかりにくいことがあります。そのため、一つひとつのプロセスは適切と判断できても全体最適となっているのかどうか疑義が生じること

があります。そこで、受注から出荷に至る一連のプロセス(8.2 〜 8.7)を一気に確認する方法によりボトルネックとなっているプロセスを「見える化」する方法を紹介します(図3.8)。

この方法は、オーディットトレイルとよばれることがあります。オーディットは監査、トレイルとは足跡のことです。監査を通じて、「製品又はサービス」が行われた足跡をたどるということです。一般的にこの方法では、**図3.4**で示した8.2 〜 8.7のいわゆる本業の事業プロセスと規格要求事項の関係を利用します。

ここで紹介した方法は、いずれもバックキャスティングとよばれる手法です。後ろから遡って、「そこに至るまでの道筋が正しかったかどうか」を確認する方法です。

被審査組織名:製造部	対応者:菅原部長、西垣課長
適用規格名:JIS Q 9001:2015	審査対象:製造プロセス
審査員:田中浩二	審査日時:2018年7月25日

① 製品置場から異なる製品を2種類ピックアップします。
② 選ぶものは、少し滞留在庫となっているものと最近完成した製品など、内部監査員自身でサンプリングします。その際、品番など製品を識別できるものをメモしておいてください。ここでは、P/N:S-123とN-123をピックアップしたと仮定します。

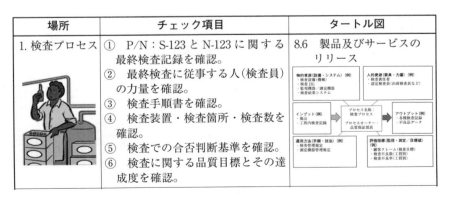

図3.8 **本業に関するプロセスを検証するためのチェックリスト**

2. 製造プロセス	① P/N：S-123 と N-123 に関する製造記録を確認。 ② 製造に従事する人の力量を確認。 ③ 製造手順書を確認。 ④ 製造機器のメンテナンス状況を確認。 ⑤ 製造数、製造に関する品質目標とその達成度を確認。 ⑥ 不適合品が発生した場合の処理について、作業者にヒアリング。	8.5 製造及びサービス提供 
3. 購買プロセス	① P/N：S-123 と N-123 に関する発注記録を確認。 ② 購買に従事する人の力量を確認。 ③ 購買手順書を確認。 ④ 発注システム、発注数、在庫数、購買に関する品質目標とその達成度を確認。 ⑤ アウトソースするプロセスがある場合、その管理状況を確認。	8.4 外部から提供されるプロセス、製品及びサービスの管理 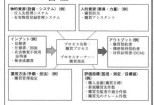
5. 設計プロセス	① P/N：S-123 と N-123 に関する設計記録を確認(DR、変更含む)。 ② 設計に従事する人の力量を確認。 ③ 設計手順書を確認。 ④ 設計システム、設計に関する品質目標とその達成度を確認。 ⑤ 設計を外部委託するプロセスがある場合、その管理状況を確認。	8.3 製品及びサービスの設計・開発 
6. 受注プロセス	① P/N：S-123 と N-123 に関する引合いから受注に至るまでの記録を確認(顧客仕様含む)。 ② 営業に従事する人の力量を確認。 ③ 営業手順書を確認。 ④ 受注システム、営業に関する品質目標とその達成度を確認。	8.2 製品及びサービスに関する要求事項 

図 3.8 つづき

このやり方ではサンプリングできる製品の種類、数が限定されますが、一連のプロセスを被監査部門と双方で確認できるため、お互い気づくことも多いと思います。

3.9 ベストプラクティスの例

■ここでのポイント！
① 内部監査はどのように実施してもメリット・デメリットがある。
② 「トップマネジメントが内部監査で何を求めるか」によってやり方を工夫するとよい。
③ QMS のベストプラクティスは、トップマネジメントのリーダーシップと強い関与に尽きる。

ここでは、内部監査と QMS のベストプラクティス事例を紹介します。まずは内部監査からです。一口に内部監査の事例といってもいくつかのパターンがあります（表 3.8）。

いかがでしょうか。このように内部監査そのもののやり方によってメリット・デメリットがあります。そのため、内部監査の依頼者であるトップマネジメントが内部監査で求めていることを確認するやり方を採用することが重要です。どのようなやり方でもデメリットがあるため、デメリットへの対応も必要です。例えば、パターン1のデメリットは、「内部監査員によるばらつきと内部監査員の質を一定レベル以上に底上げすることが困難である」ことです。この対応は、内部監査実施前の内部監査員教育と内部監査後のレビュー研修を行うことで補えます。

内部監査実施前では、内部監査員に今回の内部監査での重点監査項目（最近の苦情・不適合事例への対応など）の確認を十分行うとともに、

表3.8 内部監査のパターン

パターン	内容	メリット	デメリット
1	内部監査を社員の教育・訓練の場と考えて全員でシステムの底上げを狙うやり方	他部門を内部監査することで部門間のコミュニケーションが良くなる。	内部監査員によるばらつきと内部監査員の質を一定レベル以上に底上げすることが困難である。
2	少数精鋭の内部監査員で行うやり方	内部監査の質が安定する。	他の内部監査員が育ちにくい。担当する内部監査員に負担がかかる。
3	現場パトロールをそのまま内部監査に活かすやり方	現場を中心に監査を行うので実態を把握しやすい。	細かい要求事項にまで監査の目が行き届きにくい。
4	事務局があらかじめチェック項目を共通化して作成するやり方（複数サイトの内部監査を実施する際によく使われる手法）	内部監査報告書の質が一定レベル担保される。被監査部門の状況によって内部監査員がチェック項目を追加することで監査の深みが増す。	チェック項目が標準化されているため、形式的な内部監査で終始することが懸念される。
5	経営者自らが内部監査員となって率先垂範して実施するやり方	経営者の関心事（課題）が重点的に監査される。	監査でのチェック項目が偏ることが懸念される。

チェックリストの確認を行うことで上記に対応が可能です。また、内部監査後のレビュー研修では、内部監査報告書、不適合報告書の書き方、内部監査で気になったこと（見過ごした点がないかどうか）の再確認で上記に対応が可能です。

読者のなかには「その時間をとることができない」と思われる方も多いと思います。確かに内部監査員全員に集まってもらうことは難しいかもしれませんが、そう思う理由の一つに、内部監査を仕事の一つとして組織が扱っていないことが考えられます。「ISOだから」「認証継続に必要だから」という理由、あるいはトップマネジメントが内部監査の結果をあまり重要視していないということも理由の一つかもしれません。し

かし、内部監査をうまく使っている組織は、共通して内部監査前後の確認をしていることも事実です。皆さんの組織ではどうでしょうか。

ところで、内部監査を有効に実施するためにもう一つ忘れてはならないことがあります。それは、内部監査そのものが監査の目的を達成し得ないリスクがあるということです。監査の目的を達成しないとは次のことをいいます(ISO 19011：2011「5.2　監査プログラムの目的の設定」にもとづく)。

- MS及びそのパフォーマンスの改善に寄与することができない。例えば、MS規格に対する認証など、外的要求事項を満たすことができない。
- 契約上の要求事項への適合を検証することができない。
- 供給者の能力に対して信頼感を獲得し、維持することができない。
- MSの有効性を判定することができない。
- MSの目的が、その方針及び全体的な組織の目的と両立し、整合しているかどうかを評価することができない。

つまり、内部監査を実施したものの不適合を見落としてしまったということです。仮に不適合を見落としてもそれがごくごく軽微なものであれば、顕在化してもそれほど組織に大きな影響を与えることはありません。しかし、見逃した不適合が大きいものであれば、それが顕在化したときには組織に大きな影響を与えることになります。

このような事態を避けるため、内部監査ではリスクに応じてそのプロセス(部門でも構いません)を担当する内部監査員を選任したり、監査時間を多めにとるなど工夫が必要です。この考え方を監査におけるリスクアプローチといいます。平たく言うと、「重要なプロセスには力量のある内部監査員がそれなりの時間をかけて実施しなさい」ということです。監査プログラム、監査計画書を作成する方はこの点に留意することが必要です。

最後に、QMS のベストプラクティスです。QMS をうまく使っている組織は、例外なくトップマネジメントが QMS の運用に積極的です。そのことは、審査におけるトップマネジメントへのインタビューで如実にわかります。積極的に関与されているトップマネジメントは、自社の課題を正確に把握し、その対策を打っていますし、そのためのデータ分析も充実しています。例えば、顧客満足度については、形式的なアンケートは実施せず、顧客別、商品別に売上データを監視していますし、顧客苦情にも自ら対策を指示しています。

また、QMS をうまく使っている組織は、マネジメントレビューでの指示事項が満載です。「特になし」というコメントはありません。「特になし」ということは「何も変えなくてよい」ということだからです。どんな組織にも何か改善すべき点があるはずです。「特になし」とするトップマネジメントは QMS の認証という呪縛で指示を出せないでいるだけかもしれません。QMS を生かすも殺すもトップマネジメント次第です。もし、トップマネジメントが「特になし」とした場合には、「"特になし"では認証継続に影響が出ますので、何か指示をお願いします」と、事務局からお願いするのも有効かもしれません。

【コラム③】 外注・下請けとの関係

　組織が、外部委託する業務の管理は重要課題です。しかし、間接的ですが、外部委託する組織の環境管理、情報管理、さらには労務管理も可能な範囲で最善な運用が求められます。

　外部委託するとは、規格の定義では、組織本来がもつ機能やプロセスの一部を外部の組織が実施するという取決めを行うことをいいますが、この場合は内容がよくわかっているので、委託先管理や要望はしやすいでしょう。業務を外部に委ねる理由には、①コスト削減、②その機能が本来組織にない（例えば、ソフト開発など）、③技術・技能が不足、④設

備・施設が不十分、⑤処理能力が(例えば、受注急増で)不足、⑥事故などで生産に支障が生まれた、などがあると思います。いずれにしても自社では十分にできないことを担ってもらうわけですので、それに対する正当な評価や感謝の念が欠けないようにしたいものです。

　わが国では、上から目線で「外部に仕事を与えてやっている」といった意識をもって外部委託先に無理難題を押し付ける組織や担当者が一部にいると指摘されています。また、相手の立場を考えず、自社または担当者自身のわがままや勝手がまかり通ると思っているケースも見られます。こうした状況は決して良い結果を生みません。例えば、「納入のトラックをいつまでも待たせる」などは、効率化や省エネの観点からも検討を要するでしょう。無理ばかり言われれば、真に協力する気持ちが生まれるでしょうか。

　相手の機能や立場を尊重し、一方的ではなく、お互いに Win-Win の関係を築けば、真の協力や長続きする関係が期待できます。

第4章
環境マネジメントシステム 内部監査の実践的なポイント

4.1　環境マネジメントシステムが必要な背景

　約20年前、環境マネジメントシステム（以下、EMS）が誕生した最大の理由は、事業活動が環境に与える悪影響を受ける利害関係者から見てそれを最小限にしてほしいということでした。また、組織の立場からは事業活動が地域住民などの強い批判や法規制を受けて困難になるためでした。

　しかし、残念ながらEMS誕生後も環境は悪化を続け、例えば、地球温暖化の影響は豪雨の増加、一部農作物などの不作を招き、こうした資源を原料とする食品工業では、原料の確保、歩留まりなどが大きな経営課題となりつつあります。環境の変化が事業活動に大きな影響を与え出している例といえます。

　地球は、これまで何万年という単位で温暖化と寒冷化を繰り返してきていますが、その主な原因は地球と太陽との距離関係や大規模な火山活動などにあります。しかし、「産業革命以来200年の温暖化は、自然現象として説明が困難である」というのが大多数の科学者の意見です。状況として北極海の氷の変化、気温の上昇状況は近年加速されているように思われます。地球環境の変化が人間ならびに動植物が対応できない速度で進むことが最大の問題です（図4.1）。こうした理解は世界各国に広がり、2015年には地球温暖化の防止を主目的としたパリ協定が結ばれました。

　温暖化が食糧生産に与える影響が大きくなることは人類にとって脅威

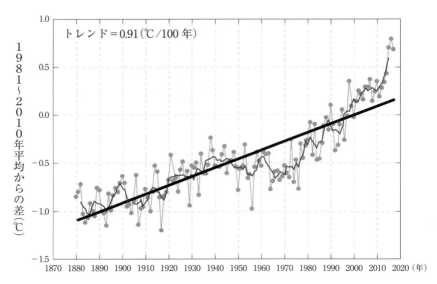

出典) 気象庁:「世界の年平均気温(陸上のみ)」(https://www.data.jma.go.jp/cpdinfo/temp/land/land_an_wld.html)(アクセス日:2018/8/21)

図 4.1 世界の年平均気温偏差(陸上のみ)

です。わが国は、食糧は自前では(必要カロリー面から見て)約4割しかまかなうことができません。また、エネルギー自給率は水力発電を入れて15.6％[1]です。エネルギーや食糧問題は国として、また企業もその役割に応じて取り組むべき重要課題であることは明らかでしょう。

環境の悪化は温暖化を中心にすでに約30年以上前から指摘されていますが、残念なことに多くの人々は「身につまされる状態」や「被害をこうむる事態」になって初めて実感します。最近ようやく集中豪雨や、猛暑日が増えたことをかなりの人が実感していると思いますが、さりとて自宅のエアコンの温度を温暖化対応の観点から調節し、シャワーやお

---

[1] 資源エネルギー庁:「統計・各種データ>電力関連>電力調査統計>電力調査統計表 過去のデータ」(http://www.enecho.meti.go.jp/statistics/electric_power/ep002/results_archive.html)(アクセス日:2018/8/21)

風呂のお湯の量を節約し始めた人は稀ではないかと思われます。

　利便性を求め、品物を早く手に入れたいという欲求から通販をはじめ、宅配便の利用は増えるばかりですが、再配達だけで年間約43万t以上のCO_2排出と推算[2)]されています。企業においても特に業務、流通などの面で30〜40％のCO_2削減がパリ協定でのCO_2削減目標の達成には必要となるため、相当に思い切った施策が必要です。

　組織のこれまでの環境への取組みは、企業活動が環境へ与える影響（多くは好ましくない影響）の軽減が中心でした。しかし、温暖化の無視できない影響が出てくれば、今度はこうした環境の状態が企業活動へ与える影響に取り組まざるを得ません。

　品質問題は組織の存続に影響する課題ですが、環境問題はわれわれ自身の生存にかかわる問題です。会社が事業存続をかけて取り組むべき課題であると同時に自分や子供達のための避けられない課題として積極的な取組みが望まれます。EMSへの取組みはこれからが本番といえるでしょう。昨今、国連がSDGsへの参加を呼びかけていますが、そのなかでも環境への取組みは核心的課題の一つです。また、ESG投資、融資への関心が世界的に高まっています。このような背景があるため、EMSに取り組んで利害関係者から見て評価できる成果を上げることは、非常に重要です（SDGsやESGに関してはコラム②、④を参照してください）。

4.2　環境関連法令

　環境関連法令には、高度成長期に問題を起こした典型7公害に代表される大気汚染防止法、水質汚濁防止法、土壌汚染対策法、騒音規制法、

---

2)　国土交通省：「報道・広報＞報道発表資料＞「宅配の再配達の削減に向けた受取方法の多様化の促進等に関する検討会」報告書の公表について」(http://www.mlit.go.jp/common/001102289.pdf)（アクセス日：2018/8/21）

振動規制法、悪臭防止法、工業用水法を始め、廃棄物処理法、消防法がまず挙げられます。加えて、省エネ法、地球温暖化対策法、高圧ガス保安法、健康被害が懸念される化学物質関連(毒劇法、化審法、化管法、労働安全衛生法有機則、特化則、石綿則、オゾン層保護法、フロン排出抑制法、水銀汚染防止法)などを挙げることができます。

他にも環境関連法令は多数あり、部分的に関連するものも含めると100を優に超えます。ここでは具体的な内容には触れることができませんが、**9.1節**は、そのガイドとして役立つと思います。

法令等の特定は、遺漏があってはなりませんが、事業に支障があるもの(例:火災)、組織の信用にかかわるもの(廃棄物不法投棄)などをまず重視すべきではないでしょうか。

注意すべきことは、管理責任者の選任、各種届出忘れなど、環境影響が直接出ないものでも違反によって組織にとって問題となるものがあることです。景品表示法は、環境関連法令とは認識しづらいですが、環境への配慮を謳った商品となるとその公開情報が正しくなく組織に多大な影響を与えた事件もあります。2009年に発生した大手家電メーカーによる冷蔵庫のリサイクル材不当表示や2015年にはドイツ大手自動車メーカーの燃費データ改ざん問題などが記憶に新しいところです。

4.3 ISO 14001規格の狙いと内部監査員の着眼点

「持続可能な開発」(Sustainable Development)の本来の狙いは、組織の経済発展と環境保護との両立を図ることにあります。この考え方をISO 14001は踏襲し、その序文で「この規格の目的は、社会経済的ニーズとバランスをとりながら、環境を保護し、変化する環境状態に対応するための枠組みを組織に提供することである」と明記しています。

この規格は、その意図した成果として、

① 環境パフォーマンスの向上

②　順守義務を果たすこと
③　環境目標の達成

を例示していますが、加えて、

④　"組織独自の成果"を設けること

は有用です。例えば、環境事故の徹底した予防などもあるでしょう。

こうした成果は幅広い利害関係者が求めているのであり、組織の立場からだけで捉えることは、ISO 14001の意図として正しくありません。

ISOのマネジメントシステム(以下、MS)の規格は、取り組むべき最低限の枠組みを示しているに過ぎません。「規格が示す最低限のことを行って認証登録の維持さえすればよい」ということではなく組織が役に立つ具体的な肉付けをして効果を上げることが重要です。

EMSを通じて目指すべき成果に関しては上記の①〜④に述べたとおりですが、激変している昨今の環境状況を考えると、これまでの延長ではなく、より積極的な改善課題の設定(改善効果の大きい長期的な課題への取組み)が望まれます。

よりよいEMSとするために、内部監査のチェックリストを作成する際のポイントを以下に解説していきます。

4.3.1　「4　組織の状況」

（1）　「4.1　組織及びその状況の理解」「4.2　利害関係者のニーズ及び期待の理解」

■ここでのポイント！

　経営者を中心に特定した課題がこれまでの課題に加えて追加され、さらに「実行部隊の目標に反映されているかどうか」を確認する。

4.1および4.2の要求事項は、「外部及び内部の課題」「利害関係者の

ニーズ及び期待」を特定することを求めています。そして、その特定では、高いレベルで実施することが望ましいとされています。

　これまで、EMSにおける課題設定の主流は、諸活動のうち、環境に直接・間接に影響を与える原因となるもの(環境側面)を特定し、一定の基準によって重点を絞り込むことで重要課題(著しい環境側面)を特定することでした。加えて経営者が環境方針のなかで示した課題(著しい環境側面と重なるものも多い)に取り組むことが求められていました。そのため、環境側面の洗い出しと著しい環境側面の特定は、主に部門やプロセス単位で実施されてきました。この結果、部課長はどうしても自分の自由になる経営資源の範囲でしか課題を設定しないという傾向がありました。

　より高度な経営的視点に立って自社の目指す将来像、自社を取り巻く内外の課題などをレビューすることで、「環境に関係する活動の内容も現状の延長ではいけない」「より積極的な取組みをしないと将来はない」と気づくことが期待されます。

(2)　「4.3　EMSの適用範囲の決定」

> ■ここでのポイント！
> 　EMSの適用範囲は、組織の外から見ても納得のいくものであることを確認する。

　工場内の施設管理部隊をEMSの適用範囲から外せば、環境負荷の小さい組織になるでしょう。適用法令等も大幅に減るはずです。しかし、これを工場の外にある近隣住民などが納得するでしょうか。

(3)「4.4 環境マネジメントシステム」

■ここでのポイント！
　EMSのプロセスは、事業のプロセスと整合がとれているかどうか。

　規格は、EMSを構成するプロセス（複数）を確立し、その関係を明らかにすることを求めていますが、このことを容易には理解できないかもしれません。これらのプロセスは、図示してもあるいは表などの形で示してもよいと思います（**図4.2**）。ISO 14001：2004では、「手順」という用語を使用してきました。この理由は成果をより確実にすることにあります。

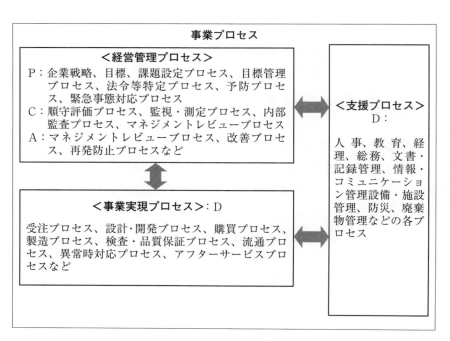

図4.2　事業プロセスと統合したEMSプロセス（例）

EMSを複数のプロセスから構成されると理解し、プロセス管理を確実に実施することで仕事の成果が高まります。プロセス管理に関しては、3.1節や3.3.2項などを参照してください。

4.3.2 「5 リーダーシップ」
（1）「5.1 トップマネジメント」

> ■ここでのポイント！
> トップがどれだけEMSにおいて責任を果たしているかは、「9.3 マネジメントレビューのアウトプット」の内容で判断できる。

ISOのトップは、各種マネジメント規格が成果を上げる重要な要素として、MSへのトップの関与を高めることが重要と考えています。しかし、トップはさまざまな責任を負っていますので、全面的な関与は難しいでしょう。部下（多くの場合、管理責任者）に丸投げでは困りますが、「取り組んだMSが期待どおりの成果を上げているかどうか」に関しては少なくとも関心をもち、必要な場合自ら説明できるようでなければなりません。EMSの運用に当たり、実施する人々やその管理層を励まし、経営資源が適切に使用できるように配慮することなども重要です。

規格は、EMSの要求事項の業務プロセスへの統合を確実にするなどをはじめとして、いくつかの条項において「確実にする」という表現を用いていますが、これらは、部下や管理責任者がその実現を保証する形で実行しても差し支えありません。

内部監査員としては、トップを監査することは必ずしも容易ではないでしょうが、間接的には方針、年度経営方針、マネジメントレビューにおける具体的な指示内容、年頭などの挨拶、社内外広報誌など通じてトップの姿勢や関与を確認できると思われます。

また、「トップがどれだけEMSにおいて責任を果たしているか」は、

「9.3 マネジメントレビュー」のアウトプットの内容で判断できます。

トップに対して注文を付けることは容易ではない場合もあると思いますが、例えば、「"環境方針"に環境保護をうたっているが、各部門は何をすべきかより具体的に示していただけるとありがたい」などと提言してほしいものです。

(2) 「5.2 環境方針」

> ■ここでのポイント！
> 「環境方針」は、規格要求事項の丸写しでなく、各部門が具体的に取り組む課題の源を示しているか、また、陳腐化していないことを確認する。

「環境保護」という言葉は、たとえ方針に織り込んでも「自組織が具体的に何をするか」につながらなければ意味がありません。

ISOは、10年壁に同じ方針を掲げていてよいとは考えていません。事業という生き物のなかで取組みの重点が変化することは当たり前です。

4.3.3 「6 計画」
(1) 資源

> ■ここでのポイント！
> 規格は業務プロセスへのEMSの要求事項の統合を求めており、トップから責任を委譲された人は事業上、経営的な面での責任をも負っていると考えるとよい。

組織内における活動は、予算、人員、設備、技術や技能を用意することは当然ですが、「それが適切か」の判断は容易ではないでしょう。

従来、ISO の MS では、トップの代理として、管理責任者の任命を要求してきましたが、管理責任者という呼称にこだわることなく、適材に委ねているかどうかが肝心です。

(2) 「6.1.1 リスク及び機会への取組み」

> ■ここでのポイント！
> 　組織が特定した「リスク及び機会」が、「妥当なものか」「そのうちのどれが課題に反映され取り組まれているか」。

どのような MS にも発生したら困ること（脅威）と実現したら好ましいこと（機会）があるので、これらを特定し、前者は予防や対応を準備し、後者は実現に努めることが求められます。ただし、特定した内容のすべてに取り組まなければならないわけではありません。

「リスク及び機会」の源として規格は、4.1 の「内外の課題」、4.2 の「利害関係者のニーズ及び期待」、6.1.2 の「環境側面」ならびに 6.1.3 の「順守義務」があります。もともと ISO 14001 規格の環境側面、著しい環境側面の特定は、「リスク及び機会」を含んだ概念ですので、内外の課題などから特定した「リスク及び機会」と内容が重なることもあるでしょう。EMS では潜在的な緊急事態はリスク（潜在的な脅威）の例です。また、「リスク及び機会」は組織の各階層に応じてそれぞれ存在します。

(3) 「6.1.2 環境側面」

> ■ここでのポイント！
> - 環境側面の特定はライフサイクルの視点に立って行われているかどうか。
> - 特定された著しい環境側面の内容が、対象部門の実態に照らして

> 妥当なものか判断する(「重要課題を外していないか」「部門特有のリスクを忘れていないか」「起こり得る緊急事態の特定を忘れていないか」など)。

　環境側面という造語は、組織の諸活動のうち、環境に影響を与える原因となるもの(可能性を含めて)と理解してよいと思います(規格が定義している"環境"は、われわれが日常の日本語として理解している内容に比べて非常に幅広いことに注意する必要があります)。

　ライフサイクルの視点は、製造業を例にとれば、原料採掘から、製品の廃棄・リサイクルまでの各ステージを踏まえる必要があります。この場合、外部委託する業務なども間接的ですが忘れてはなりません。

　規格は、環境側面の特定から著しい環境側面(取り組むべき重要事項)を特定する基準の設定を求めていますが、多くの組織はすでにこれを確立していると思います。

(4)　「6.1.3　順守義務」

> ■ここでのポイント！
> - 環境側面にかかわる法令等の特定(実質的な義務の具体的な内容など)を明確にしているか。
> - その最新化を図っているか。

　ISO 14001 規格は、法令や利害関係者との約束などの順守を重要視しています。第三者認証を受けた組織が、これら順守義務を果たさないようでは、EMS と第三者認証制度への利害関係者の信用や期待を根本から損ねます。なお、組織自身が決めた自主基準といえども順守義務の対象となります。順守義務を組織の自己都合で判断しないことも重要です。さらに順守義務のなかには、環境側面の特定から直接導きにくいも

のもあります。例えば、「法令の管理責任者を置く」「法令に沿った活動結果を行政に報告する」などです。

（5）「6.1.4　取組みの計画策定」

> ■ここでのポイント！
> 　例えば、「防災は、EMSの導入以前から別のシステムで扱っているので、内部監査や第三者審査の対象外である」という主張をそのまま受け入れない。防災のシステムが、「8.2　緊急事態への準備及び対応」で示されている要求事項を満たして運用されているかを確認する。

「リスク及び機会」「環境側面」とこれを絞り込んだ著しい環境側面の特定、順守義務の特定などを通じてさまざまな課題(候補)が浮上します。これらについて具体的にどのように対処するかを決めることが必要です。なかには監視・測定して経過を見るもの、MSを支援する要素(例えば、コミュニケーションなど)のなかで扱うもの、QMSや労働安全のMSのなかで扱うものなどさまざまです。

どんな取組みも人、予算、設備などが必要で、どこまでできるかは、組織の経営資源や事業上・技術上の選択肢、運用上の制約や要求などによります。内部監査員としても課題に関してこうしたことを考えることは、マネジメント能力の向上につながります。

（6）「6.2　環境目標及びそれを達成するための計画策定」「6.2.1　環境目標」

> ■ここでのポイント！
> ● 目標が、組織にとって、また環境改善の立場から取組みがいが

> あるか。
> - 目標が異常に高すぎ、無理がないか。
> - 経営は生き物であることを認識し、目標は適宜見直しされているか。

　環境目標としては、改善したいものを設定するのが原則です。しかし、維持管理的な課題ばかりでは、積極的な環境改善にはつながらず、モラルも上がらないでしょう。課題が達成しても効果が小さくては、経営者がEMSそのものに関心をもたなくなりますし、利害関係者の評価も低くなります。「やりがいがあり、効果も大きい目標設定ができるかどうか」はまさに皆さんの力にかかっています。

　環境目標は、定量的な表現ができるものがベストですが、達成度が判断可能な場合には、半定量的、または定性的であってもかまいません。

(7)　「6.2.2　環境目標を達成するための取組みの計画策定」

> ■ここでのポイント！
> - 目標達成度の評価は可能になっているか。
> - 実施計画の進捗管理が適切か、適宜見直して、最善の結果に到達できるように努めているか。

　目標達成するには、実施計画を作成し、必要と思われる資源(予算、設備、技術など)を用意し、実行責任(者)を特定し、「いつまでにどの程度達成するつもりかどうか」について達成度の評価方法などを決めます。こうした要素を明確にして取り組むことで、目標の達成度が高まることが期待されます。

4.3.4 「8 運用」
(1)「8.1 運用の計画及び管理」

■ここでのポイント！
- プロセス管理が最適な成果を生むよう機能しているか。
- プロセスの変更管理は行われているか。
- プロセス管理は、ライフサイクルの視点にもとづいているか。
- 外部委託するプロセスの管理が適切に行われているか。

　組織が設定した各種プロセスを、運用基準を定めて管理することが求められています。例えば、あるプロセスが思いどおりの成果を出していない場合、そのプロセスの管理者（例えば、課長など）と、「管理のどこに要修正点があるのか」と話し合うなどは有益な監査活動といえるでしょう。また、運用の計画には、変更がつきものです。変更によって有害な環境影響を生まないように管理する必要があります。

　さらに、すでに環境側面(6.1.2)で紹介したように運用管理はライフサイクルの視点に立つことが重要です。この考え方は、例えば、製造会社では、製造プロセスだけを管理するのではなく、原料の採掘、製品の流通、製品の使用、製品の廃棄・リサイクルまでを視野に入れ、部分最適ではなく、全体最適となるような環境管理をすることを意味します。

　外部委託したプロセスの管理では、「環境負荷を結果として押し付けるようなことをしていないか」などに注意が必要です。

　組織は、購買先、仕事の外注先、さらには製品や廃棄物処理委託先などに対して、その内容に応じて具体的な指導、申し入れ、注意書きなどする必要があり、なかにはSDSのように法令で交付が定められているものもあります。これらの点も内部監査では（例えば、「内容が適切かどうか」など）具体的に確認してください。

（2）「8.2　緊急事態への準備及び対応」

■ここでのポイント！
- 組織の事業活動に悪影響を与えたり、組織外に影響する環境事故、組織への外からの信頼を損ねたりするような「緊急事態への準備及び対応」状況が確実か。
- 対応プロセスが実践的であるか。

　事故を含めて「緊急事態への準備及び対応」は、EMSの重要事項です。その可能性は、6.1.1、6.1.3という、いわば計画段階で特定します。緊急事態の発生を予防するには、8.1の「運用管理」を確実に実施すること、順守義務を確実に果たすことなどが重要で、緊急事態や事故の発生の多くがこれらにおける緩みが原因となっています。
　「対応プロセスが実践的であるかどうか」についても重要です。例えば、土嚢を用意しているが、「現場から遠い」「日当たりに貯蔵して袋が破れやすくなっている」ような現場を目にすることがあります。

4.3.5　「9　パフォーマンス評価」
（1）「9.1　監視、測定、分析及び評価」「9.1.1　一般」

■ここでのポイント！
- 得られた数値などが、目的にかなうものか。また、分析や評価されているか。信頼できるものか。
- EMSが目指す成果を得て有効に機能しているか。

　環境に直接・間接に影響を与える諸活動の結果をしっかり把握することはいうまでもなく大切で、これは対象とする活動や結果を評価・分析する時期、方法や基準を明確にする（6.2.2）ことで確実になります。この

際、「数値を得る」「現場を見る」などだけできるでは不十分で、「これらが目指した成果などに対して適切なものか、また、満足できるものか」を分析する必要があります。さらに、これらの結果をもとに「EMSが目指す成果を得て有効に機能しているか」を評価することが大切です。このとき、有効性について内部監査を通じて評価する方法もあります。

なお、監視・測定に用いる機器が信頼できる情報をもたらすよう管理することは当然ですが、標準試薬などは使用期限があることに注意が必要です。

(2)「9.1.2 順守評価」

■ここでのポイント！
- 真に信頼に足る評価が行われているか。
- 評価者が対象となる法令等やその技術的背景を理解しているか。また、そのような知識の最新化を図っているか。

「法令をはじめ、顧客などの求めや自主基準などを満たしているか」を確認することは、監視・測定の一種です。形式的ではなく「本当に信頼に足るかどうか」がしっかり評価されること、また、「そのような体制があるかどうか」が重要です。

(3)「9.2 内部監査」

■ここでのポイント！
世間から見て自組織のEMSが期待に応える成果を上げているかどうか。

内部監査は、適切に実施すれば、経営のツールとしても非常に役立ち

ます。一方、第三者による認証審査や、認証登録を維持するために形式的に実施するとすれば、経営資源の無駄遣いといってよいでしょう。

内部監査員が忘れてならないのは、「経営者の期待はもとより世間(利害関係者)から見て自組織のEMSが期待に応えているか(EMSが有効に機能しているか)」を見ることです。

(4) 「9.3 マネジメントレビュー」

> ■ここでのポイント！
> - レビューに先立つ情報が経営者の判断にふさわしい内容か。
> - 内外の課題の変化、法令等の変化などを確実に情報提供しているかどうか。
> - 規格が例示する各項目において経営者の具体的なコメントや指示が出されているかどうか。

マネジメントレビューは、経営者がどのように多忙であろうとも、自身で実施し、具体的な指示やコメントを残さなければなりません。レビュー(特にアウトプット)の内容は、「経営者がEMSに本気で取り組んでいるかどうか」が反映されます。

マネジメントレビューにおいて考慮すべき事項(インプット情報と考えてもよいでしょう)は多数ありますが、例えば、そのなかに経営的に重要なものがあれば不適合件数だけの報告ではなく、その内容を情報提供すべきでしょう。マネジメントレビューのアウトプットにおいて経営者が具体的に指示していれば5.1のトップマネジメントでの経営者の役割と責任の大半を実証できます。

「内部監査員が経営者を直接監査できるかどうか」に関しては議論もあります。難しい場合は、例えば、レビューの記録などを見て指摘や要望を出すことになるでしょう。

4.3.6 「10 改善」
（1）「10.1 一般」「10.3 継続的改善」

> ■ここでのポイント！
> 　環境パフォーマンス及びシステムの改善が進んでいるかどうか。

　いずれも包括的な一般要求事項で、お互いにどのように違うのか、わかりにくいと思います。どちらも「環境パフォーマンスの向上」が目的ですが、前者はシステムの改善、後者は環境パフォーマンスの継続的改善のニュアンスがあります。これらの改善は、監視・測定の結果、内部監査、マネジメントレビューにおける改善指示、是正処置などを通じて行われます。

（2）「10.2 不適合及び是正処置」

> ■ここでのポイント！
> ● 不具合の原因は何であったのか。また、それをさらに掘り下げた原因は何であったのか。
> ● 不具合の再発防止などは適切で十分か。また、その処置は本当に有効だったか。

　環境事故であれば「速やかに応急処置や被害の拡大防止をしたか」「その処置が適切であったか」も確認する必要があります。このとき、不具合の程度、実害の有無なども「監査員として判断をする」「話し合って処置の妥当性を議論する」といったことをするとよいでしょう。
　不具合の可能性を計画段階で予測し、運用・管理などを通じてこれを予防することが真の予防ですが、すべてを予測できるわけではありません。不測の不具合もあり得るため、これらの再発防止の水平展開なども

予防処置の一つとしてもよいと思います。

4.3.7 「7 支援」
（1）「7.1 資源」

> ■ここでのポイント！
> 　プロセスを運用するために必要な経営資源が用意されているかどうか。

　課題を設定し（P）、実行し（D）、成果を確認し（C）、必要なら修正や是正を行う（A）ことが MS のあるべき姿であり、規格にはこれを支援する要素があります。
　規格は「資源」「係る人々の力量や認識」「コミュニケーション」「文書化した情報（文書や記録の管理）」などを例示しています。現実のビジネスでは、財務、経理、労務、人事などを扱う各プロセスも支援する要素であると思います。
　EMS を実行するには、それなりの経営資源の投入が必要ですが、こうした点の不足を内部監査で指摘した例は少ないと思います。

（2）「7.2 力量」

> ■ここでのポイント！
> 　力量担保や向上などの施策が本当に効果を上げているかどうか。

　環境パフォーマンスや、順守義務に係る人々が、適切な力量（知識や経験を実際に適用できる能力）をもっていないとその向上が図りにくく、また、順守義務の順守も確実とはいえないでしょう。内部監査員にしても基礎知識を得たうえで監査の場数を踏み、監査の視点を理解していな

ければよい監査はできません。立派な力量評価表があっても、実際に活用されていない飾り物にならないよう注意が必要です。

（3）「7.3　認識」

> ■ここでのポイント！
> 　実用的な見地から、「人々が環境目的達成のための役割や緊急事態における役割、法順守などにおける役割と責任を認識しているかどうか」を確認する。

　EMSは、実施する人々が「環境方針」「著しい環境側面とその影響」「EMSの有効性に関する自らの貢献」「順守義務を満たさないことを含めてEMSの要求事項を満たさないことの意味」を理解して、積極的に貢献することを期待しています。その程度や内容は担当する業務や地位などで異なってきます。

　認識を高める方法は、教育・訓練だけとは限りません。環境の現状や今後について自ら勉強することなども役立つのではないでしょうか。

（4）「7.4　コミュニケーション」

> ■ここでのポイント！
> - 「誰が、いつ、何を（コミュニケーションする内容）、どこへ、どのような方法で」という観点から基本を整理しておき、「経営層から実務層まで一致して同じ対応ができる体制になっているか」を確認する。
> - コミュニケーションする内容が、事実にもとづき信頼に足るものかどうか。

コミュニケーション、特に外部の利害関係者とのコミュニケーションを誤ると組織の存亡などにかかわることもあり得ます。したがって、事業戦略と不可分の問題として周到かつ入念に取り組むことを勧めます。

法令にもとづく測定結果や顧客との約束（検査結果など）を改ざんしたり、都合の悪い部分を隠したり、曲げて発表するなどの不適切行為で顧客や世間の信頼を失った事例が後を絶ちません。「コミュニケーションの内容はMSの運用を通じて得られた結果（事実）にもとづく」という大原則をくれぐれも忘れないようにしたいものです。

どんな組織でも、不祥事などはできるだけ公表したくないのが本心でしょう。しかし、情報化時代には、「不都合情報は隠せない」ということを経営者以下肝に銘じる必要があります。隠したつもりでも組織内部から通報される事例も多数あります。内部監査員は言うまでもなく組織の一員ですから、不祥事、特に職制上の上層部の不正や逸脱を指摘することは容易ではないと思います。内部監査の限界などという言葉は使いたくないのですが、「風通しのよい組織にすること」「得られたデータの改ざんなどができにくいプロセスをソフト・ハード両面で構築することなど」について内部監査を通じて議論できる環境が必要になります。

(5) 「7.5 文書化した情報」

■ここでのポイント！
- 情報の多様化に対応して、文書や記録の作成、管理、セキュリティ管理などができているかどうか。
- 組織の文書や記録の過不足を見たうえで、特に組織のMSが重く、非効率を招いていないかどうか。
- セキュリティ管理に関して利便性との兼ね合いができているかどうか。

昨今、情報の媒体が、紙から電子へと急速に変化しています。作業手順を動画化したり、製造指示を音声化したりしている組織もあります。加えて、クラウドコンピューティングの利用も拡がっており、メールや添付文書などの扱いも課題の一つです。

ISO 14001 規格は、従来でいう文書に対して maintain（維持）、記録に対して retain（保持）という用語を当てていますが、規格が関係者に知らしめる必要があるもの（文書）、活動の客観的証拠として残すべきもの（記録）をそれぞれ指定しています。一方、環境マニュアルの作成を含めて組織の判断で文書の作成や記録を残す自由度を与えています。「何が必要な文書、手順、記録であるか」は、各部門で判断することになります。このとき、よりよい判断をするために、情報セキュリティ重要度と、重要度に応じたセキュリティ対策（第 7 章）を議論してください。

4.4　現場監査の目のつけどころ

まずは、緊急事態や事故、リスクの有無、これらの予防に重点を置くことをすすめます。安全パトロールなどの機会を利用することもおすすめです。組織のリスクの内容は業務、業態により多種多様ですが、具体的には本書の兄弟編といえる『ISO 14001 マネジメントシステム構築・運用の仕方』（日科技連出版社、2016 年）の**第 5 章**に紹介していますのでぜひ参照してください。

リスクに対する感じ方には個人差があると思いますし、監査員の知識や経験にも大きく依存します。また、同じ組織で同じものを見続けていると、「怖いものも怖くなくなる」ことがあります。複数の事業所がある場合、「監査員の相互乗り入れを行う」「同じ監査員が同じ現場を見ない」などの工夫によって、こうした不感症を防ぐことも必要です。例えば、昔発生した事故、同業他社で発生した事故などを繰り返し教育する取組みや、緊急事態や事故発生時の対応手順をしっかり検証している組

織もあります。こうした取組みを行うときには、形だけになったり、マンネリ化しない工夫が必要となるのは言うまでもありません。

4.5 ベストプラクティスの例

　ISOのMSを、TPM活動（全員参加の生産保全活動）と融合させて成果を上げている関西の住宅建材部品メーカーH社の内部監査のやり方の一部を紹介します。マネジメント全体の管理にISOのMSを活用し、各部門の活動にTPMの要素を取り入れています。
　H社の内部監査の特長は以下のようなものです。

- 規格やマニュアルとの適合性を確認するだけでなく、生産や事務系におけるパフォーマンス指標（KPI）を活用し、業務そのものに目を向けている。例えば、故障や品質不良、チョコ停などの原因究明の妥当性や対策の評価などについて監査で指摘している。
- 事務系業務でも、顧客クレームの原因追求の妥当性評価や業務効率を阻害する情報の停滞や残業などの分析などを確認している。
- チェックすべき重要事項のランクづけを行っている。
- 組織として人的な側面、パフォーマンスの側面から実質的な効果につながるような視点での監査を行っている。
- 監査で明らかになった要改善課題を被監査部門の弱点とし、TPMの考え方を適用して具体的に解決に向けた活動をしている。
- 監査員を固定せず、ベテランの指導の下に若手育成を積極的に行っている。

【コラム④】　ESG

　ESG（Environment Social Governance）は国連が2006年に機関投資家に責任のある投資を呼びかけました。

ESG投資、すなわち「環境・社会・ガバナンス」に力を入れる企業への投資が急増する一方で、「十分に配慮していない」と見なされた企業からは資金が引き揚げられるなど、組織は厳しい対応を迫られています。すなわち、環境や人権問題などに積極的に取り組む企業に投資する一方、そうではない企業からは資金を引き上げることを世界銀行をはじめとする世界の金融機関などが開始しています。わが国では、三井住友銀行なども原則として石炭火力には融資しない方針を明らかにしています。日本の年金基金も1兆円の投資を開始し、運用額は、世界で2500兆円を超えるともいわれ（最近5年間に急増）、米国では全体の21.6％。欧州では52.6％と、半分を占めています。一方、日本では、ESG投資は全体のわずか3.4％にとどまっています[3]。残念なことに日本企業の認識の遅れが懸念されています。
　厳しい時代で、経営者には対応すべき課題が山積していますが、ESGの重要性を認識し、リーダーシップを発揮することが求められます。

---

3) NHK：「クローズアップ現代＋」「2017年9月27日（水）　2500兆円超え⁉世界で急拡大"ESG投資"とは」(https://www.nhk.or.jp/gendai/articles/4039/)（アクセス日：2018/8/21）

第5章
情報セキュリティマネジメントシステム内部監査の実践的なポイント

5.1 情報セキュリティマネジメントシステムが必要な主な背景

　電子媒体中心に情報媒体の多様化が進み、特にインターネットの普及やクラウド型コンピュータの利用は長らく続いてきた紙媒体中心の情報伝達の世界を一変させたといえるでしょう。電子決済、SNS やインターネットは莫大な利便性の反面、これを悪用する犯罪も急増しています。

　国家公安委員会が、2017 年 3 月 23 日に過去 5 年間の不正アクセス禁止法違反事件の認知・検挙状況などについて発表したデータがあります[1]。それによると、2016 年度は 1,840 件でした。2014 年度の 3,545 件から比べるとほぼ半減しています。一見するとセキュリティ対策の効果が上がっているともいえますが、この理由は知人になりすまして情報発信する無料通話アプリの認証セキュリティが強化されたことよる減少と分析されています。したがって、セキュリティの突破と防御はイタチごっことなっている状況に変わりはありません。国立研究開発法人・情報通信研究機構(NICT)も「2017 年 2 月 8 日までに、国内のネットワークに向けられたサイバー攻撃関連の通信が 2015 年の 2.4 倍の約 1281 億件と、過去最高になった」と報じています[2]。

---

[1] 総務省:「不正アクセス行為の発生状況及びアクセス制御機能に関する技術の研究開発の状況」(http://www.soumu.go.jp/menu_news/s-news/01ryutsu03_02000119.html)(アクセス日:2018/8/21)
[2] 情報通信研究機構:「NICTER 観測レポート 2017 の公開」(http://www.nict.go.jp/press/2018/02/27-1.html)(アクセス日:2018/8/21)

わが国は、水と安全はタダと捉える人が多く、「すべての面で警戒心が薄い」と指摘されています。表には出にくく実態の把握は困難ですが、大手の組織からの重要情報流出も多数あります。このような状況下でどのようにセキュリティレベルを維持・向上していくのか。情報セキュリティマネジメントシステム（以下、ISMS）はその手助けとなる規格です。最近ではクラウドコンピューティングのセキュリティ規格も開発され、第三者認証審査も開始されています。

5.2 関連法令と主な要求事項

ここでは、法令の具体的な内容を紹介する紙面はありませんが、**表5.1**に総務省が公開している「国民のための情報セキュリティサイト」[3]からの抜粋を示しました（この他に、個人情報保護法、電波法、刑法などもあります）。

多数の法令があり、要点を理解するだけでも相当の努力が必要なことがわかります。

5.3 内部監査の主な目のつけどころ

5.3.1 情報セキュリティマネジメントシステムにおける内部監査の位置づけ

ISMSにおいても、システム評価、パフォーマンス評価、順守義務評価、改善の機会抽出、要員育成（実務者、監査者）など、内部監査の活用はさまざまな状況において可能です。内部監査の活用は組織の体質強化、改善、システムの形骸化防止のために極めて有用なツールです。ただし、有用なツールとして活用するためには、経営者の積極的な関与が

---

3) 総務省：「国民のための情報セキュリティサイト」(http://www.soumu.go.jp/main_scsiki/joho_tsusin/security/)（アクセス日：2018/8/21）

表 5.1 情報セキュリティ関連の法律・ガイドライン

法令	関連概要
サイバーセキュリティ基本法	サイバーセキュリティに関する施策を総合的かつ効率的に推進するため、基本理念を定め、国の責務などを明らかにし、サイバーセキュリティ戦略の策定その他当該施策の基本となる事項などを規定
電気通信事業法	第四条　電気通信事業者の取扱中に係る通信の秘密は、侵してはならない。 　2　電気通信事業に従事する者は、在職中電気通信事業者の取扱中に係る通信に関して知り得た他人の秘密を守らなければならない。その職を退いた後においても、同様とする。 第百七十九条　電気通信事業者の取扱中に係る通信（第百六十四条第二項に規定する通信を含む。）の秘密を侵した者は、二年以下の懲役又は百万円以下の罰金に処する。 　2　電気通信事業に従事する者が前項の行為をしたときは、三年以下の懲役又は二百万円以下の罰金に処する。
電子署名等に係る地方公共団体情報システム機構の認証業務に関する法律	申請・届出などの行政手続をオンラインを通じて行う際の、公的個人認証サービス制度に必要な電子証明書や認証機関などについて規定
特定電子メールの送信の適正化等に関する法律	利用者の同意を得ずに広告、宣伝又は勧誘などを目的とした電子メールを送信する際の規定
有線電気通信法	有線電気通信の設備や使用についての法律で、秘密の保護や通信妨害について規定
著作権法	①　著作権等の技術的保護手段に係る規定の整備。現行法上、著作権等の技術的保護手段の対象となっている保護技術（VHSなどに用いられている「信号付加方式」の技術）に加え、新たに、暗号型技術（DVDなどに用いられている技術）についても技術的保護手段として位置づけ、その回避を規制するための規定を整備。 ②　違法ダウンロード刑事罰化に係る規定の整備。私的使用の目的で、有償で提供などされている音楽・映像の著作権等を侵害する自動公衆送信を受信して行う録音・録画を、自らその事実を知りながら行うこと（違法ダウンロード）により、著作権等を侵害する行為について罰則を設けるなどの規定を整備。

表 5.1　つづき

法令	関連概要
電子署名及び認証業務に関する法律	電子商取引などのネットワークを利用した社会経済活動の更なる円滑化を目的として、一定の条件を満たす電子署名が手書き署名や押印と同等に通用することや、認証業務電子署名を行った者を証明する業務)のうち一定の水準を満たす特定認証業務について、信頼性の判断目安として認定を与える制度などを規定
不正アクセス禁止法	不正アクセス行為や、不正アクセス行為につながる識別符号の不正取得・保管行為、不正アクセス行為を助長する行為等を禁止

必要不可欠です。そのためには「監査にはどのような便益があるのか」を経営者に認識してもらうことが重要です。例えば、経営者が課題と感じていることを監査を通じて解決する、または解決の方向性を示すことが必要です。以下に内部監査における活用のポイントを解説します。

5.3.2　リスクと管理策との関連性の検証(管理策ありきのシステムの改善に向けて)

　ISMS はリスクアセスメントにもとづいて管理策を選択し、運用するシステムです。しかし、旧規格(ISO/IEC 27001：2005)では、情報システムの施設・設備などの物理的な対策にどちらかというと重点が置かれ、またリスクベースではなく管理策ありきの考え方でした。そのため、ISMS の認証制度がスタートしたときにはリスクアセスメントにもとづいた管理策の選択ではなく、「管理策は管理策、リスクはリスク」と別々の運用になっている組織がほとんどでした。また、認証コンサルティング、参考書籍においても、それが一般的となっていました。したがって、過剰な管理策の採用、重装備なシステムとなり、組織にとって大きな負担となっている状況が散見されました。

　ISMS では附属書 A にさまざまな管理策を定めています。例えば、「A.8　資産の管理」「A.8.1.1　資産目録」の管理策では、「情報、情報に関連するその他の資産及び情報処理施設に関連する資産を特定しなけれ

ばならない。また、これらの資産の目録を、作成し、維持しなければならない」があります。ある組織では、リスクアセスメントをすることなく管理策を採用し、組織が所有するあらゆる資産（例えば、公開されることを前提に作成されている会社案内、社内使用を前提としている購入書籍、経理上資産となる椅子・机など）に対して資産目録を作成し、膨大な工数を要していました。現在のISMS規格では、情報などに関するものと限定されており、このような極端な事例は少なくなっています。本来、管理策はリスクアセスメントの結果として、リスクを低減するために採用し、運用するものですが、管理策ありきで採用しているため、定めたルールの変更ができず、組織にとって大きな負担となっている状況が見られることが多々あります。

　情報セキュリティに対する取組みの歴史は浅いこともあり、内部監査においても、「管理策を実施しているか否か」の確認がほとんどで、「なぜその管理策を採用しているのか」に対する検証を行うことは少ない状況にあります。結果的に内部監査も単に管理策の有無、実施のみを確認するだけのものとなり、組織にとっては形式的なものとなっているケースが多く見られました。

　以上から、効果的な内部監査を実施する1つの方策として、管理策の目的を明確にし、検証することは改善の促進につながります。

5.3.3　CIAの視点、バランスの検証

　ISMSでは、CIA（機密性（Confidentiality）、完全性（Integrity）、可用性（Availability））の視点、バランスが重要ですが、機密性主体の取組みが多いため、完全性、可用性に対する着眼も合わせて検証することが重要です。特に、機密性を高め過ぎると可用性は低下し、業務効率の低下につながり、実務者にとって負担が増大し、ルール不順守へのリスクが高まります。「機密性のための管理策がなぜ必要であるのか」についてリスクを明確にし、例えば、内部監査で実務者が伝えることも有用で

す。

　また、業務を円滑に進めるためには可用性の視点も重要なため、「過剰な機密性に偏重したシステムになっていないか」について実務者から状況を把握したうえで、可用性にも考慮したシステムへの改善に着眼することも必要です。例えば、社員が常駐する執務室で使用するファイルを鍵のかかる保管場所に保管し、使用の都度、開閉している会社があります。リスクを考慮して、就業中は鍵をかけない運用もあり得ます。

　完全性においては、情報を完全な状態に保つことが原則となります。ISMSにおいては、比較的優先順位の低いポイントとなりますが、仕事をミスなく行うことを完全性と捉え、ミス防止の取組みをISMSで管理し、「内部監査で業務をミスなく実施しているか」について検証することも有用です。

　機密性、完全性、可用性のポイントは以下のとおりです。

- 機密性：例えば、情報漏洩しないようにさまざまな管理を行うこと。
- 完全性：例えば、作成した情報が故意に改ざんされてしまったり、偶発的に間違って変更されてしまうこと。
- 可用性：必要な情報が必要な人に必要なところで使用可能な状況にしておくこと。

5.3.4　業務プロセスの視点での検証

　組織のプロセス（業務プロセス）に着目して、リスクアセスメントを行うことは非常に重要な視点です。それは業務内容によって情報に対するリスクが変化するからです。一方、採用されているリスクアセスメントの多くは、情報が保管されている状況（静的な状況）に対するものが多く、使用している状況（動的な状況）での評価は十分されていないことがよくあります。具体的には、情報の流れを取得／入力、利用／加工、保管、移送、廃棄で捉える考え方です（図5.1）。

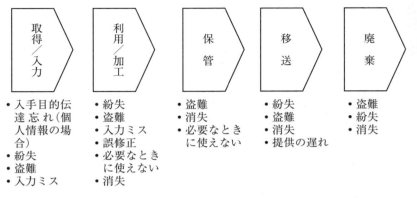

図 5.1　業務プロセスベースの視点例（ライフサイクルベース）

　ISMS の認定団体である JIPDEC（一般財団法人　日本情報経済社会推進協会）が発行している「ISMS ユーザーズガイド— JIS Q 27001：2014 対応—リスクマネジメント編—」においても、「リスクアセスメントの有効性を向上するためには業務プロセスベースに検証を行うことは極めて有用である」と示しています。

　このように情報は常に移り変わっていきます。それを追跡しながら検証を行っていくことは内部監査において、重要な視点となります。

　業務プロセスに着目したもう一つの検証のやり方は、「モノからコトに対する検証」です。「モノ」すなわち情報資産ではなく、「コト」すなわち活動内容（業務プロセス）から検証を行うのです。ここでの「モノ」「コト」は以下のようなものになります。

- モノ：情報、設備、機器など
- コト：営業活動、生産活動、設計活動、医療活動、購買活動など

以上から例えば、適切さを検証する対象に「営業活動での情報の入手から廃棄に至るプロセスでの情報の取扱い」「設備（社用車、基幹システム）および機器（メールシステム）の取扱い」が含まれることになります。

5.3.5　事前評価の視点での検証

　事業活動は常に流動的であり、情報や資産の内容も常に変化しますが、上述のとおり、ISMS導入時のリスクアセスメントは、現在あるものに対する評価がほとんどのため、情報資産が組織に導入された後の結果を評価するだけになってしまいます。それで問題ないもの（例えば、従来と同様の機器、設備の導入など）もありますが、導入してから評価したのでは遅いものがあります。その具体例は以下のとおりです。

■無線LAN導入に伴うリスクアセスメントの例

　無線LANを導入後にリスクアセスメントしてしまうと、セキュリティに問題があり、その時点で情報漏洩してしまう可能性があります。この他にも、新規に事務所を借りた後にリスクアセスメントしてしまうと、セキュリティ上問題があったとしても、事務所を移転するといった行動をとることが難しくなってしまうでしょう。

　このようなことが起きるのは、実際に何らかの形でリスクアセスメントを行っていても、プロセスとして定義されないまま、担当者に一任しているためです。

5.3.6　静的な視点から動的な視点での検証

　情報は1箇所のみで単独に存在するものは少なく、多くの場合、流動的です。一方、リスクアセスメントはある時点の情報に対する評価を行っていることが多く見られるため、その後の運用においては情報のつながりを評価することも必要です。その具体例は以下のとおりです。

■患者の医療情報をメールで受信しているパソコン内のメール情報

　医療情報は患者の病歴などが記録されているため、アクセス管理が厳重に行われているサーバに保管され管理されているのが一般的です。ですが、「当該情報はどこから入手されているか」を調べてみると、1つ

の経路として、公衆回線に接続しているパソコンにメールで送られてきた情報をオペレーターがサーバに入力していることが判明しました。そのパソコンには患者の医療情報がメールで送られてきているため、サーバと同レベルの機微な情報が数多く保管されていますが、「それらの情報は一時的なもの」との認識から、ネットワークを介した外部とのアクセスおよび病院内でのパソコンへのアクセスはほとんど管理されていない状況であり、リスクアセスメントの対象にもなっていませんでした。もし、このパソコンが盗難に遭ったり、ウィルスに感染して情報が漏洩するようなことになったら大変なことになってしまうところでした。

　このように内部監査において、情報の流れを把握しながら監査することで、一時的な情報も含めて網羅性の高い検証ができます。

5.3.7　変化点の検証

　変化点管理はQMSではよく活用されているものですが、ISMSにおいても有効な管理手法です。人の変化、物の変化、方法の変化、情報の変化などさまざまな変化対象があります。まずは組織で定義し、変化が生じたとき(生じる前も含めます)にリスクの変化の有無を確認し、問題なければ対応することが重要です。また、変化する内容は組織により異なり、多岐にわたるのでその都度メンテナンスを行い、完成度を高めることも重要です。

　内部監査においては、「変化点の確認を行い、適切なリスク認識のもと、適切な管理策の選択や運用を行っているかどうか」の検証は有用です。変化点の例としては、「人の変化」「物の変化」「方法の変化」「情報の変化」などが挙げられます。

5.3.8　監視機能の検証

　どのMSにも共通ですが、活動結果を的確にチェックすることは重要です。そもそもエラーを発生させないことが重要ですが、完全にゼロ

にすることは不可能といってよいでしょう。発生源対策を実施することと合わせて、結果のチェックを行うことはマネジメント上必要不可欠なものです。ISMSにおいては特に重要で、異常を早期に検出して、対応することは事故の拡大防止や未然防止につながります。「ISMS運用チェックシート」を定期的に社員に自己確認させることで、Windowsのアップデートの確認、パターンファイルの更新、壁紙の有無、スクリーンセーバーの設定など一般社員でも容易にできるものがあります。システム管理者によるログ監視なども外部からの攻撃に加え、社内的にも不正の抑止効果があります。また、内部監査そのものもチェックツールの一つとなります。「監視機能が適切に機能しているのかどうか」を的確に検証する役割は非常に重大です。

5.3.9　事業上のリスクアセスメントの有効性検証

ISMSにおいて、実務面においては管理策により運用が行われますが、管理策はリスクアセスメントにもとづいて採用されます。リスクアセスメントの良否が組織の管理策の採否やその運用に大きな影響を及ぼすことは理解してもらえると思います。一方で、リスクアセスメントが情報および情報資産ベースのものとなっている組織が多くあり、また、「ISMSのリスクアセスメントとはそれでよい」「そのような要求事項である」と勘違いしている担当者が少なくありません。

以下に要求事項の原文を示しますが、特に現在の要求事項においては、情報および情報資産ベースのリスクアセスメントは要求していないことがわかります。

> ISO/IEC 27001：2013(JIS Q 27001：2014)規格
>
> 6.1.2　情報セキュリティリスクアセスメント
> 　組織は、次の事項を行う情報セキュリティリスクアセスメントのプロセスを定め、適用しなければならない。

…(中略)…
　c) 次によって情報セキュリティリスクを特定する。
　　1) ISMS の適用範囲内における情報の機密性、完全性及び可用性の喪失に伴うリスクを特定するために、情報セキュリティリスクアセスメントのプロセスを適用する。

5.4 現場監査の目のつけどころ

5.4.1 クリアデスク、クリアスクリーンの視点

　紙媒体、電子媒体に関わらず、整理整頓は情報セキュリティにおいても基本事項です。情報が散在していては CIA の確保が難しく、事故の未然防止や発生後の検出が遅れてしまいます。

　現場の確認においては、まずは「職場のクリアデスク、クリアスクリーン（表示画面上に不要なものを貼り付けない）が適切に行われているか否か」を確認することが必要です。

5.4.2 情報との接点の視点

　業務の流れの確認が基本となりますが、合わせて情報の流れをよく確認することが重要です。時間の制約があり、すべての情報の確認は困難なので、特に重要度の高い情報（特定個人情報、機微情報含む）をあらかじめ確認し、業務のなかでの接点を確認します。

　確認のポイントとしては、保管状況の確認のみでなく、使用時や USB メモリーなどの記憶媒体の使用など、情報への接点について人的、物理的に確認することが重要です。

　なお、イレギュラーなものとして、フロアの清掃員、修理・メンテナンス業者、輸送業者など、外部との接点に対しても配慮が必要な場合もあります。

5.4.3　テンポラリー（一時的）な情報に対する視点

　紙へのメモ、パソコンへの一時的な情報の保管など、「作業途中に作成される情報の管理が適切に行われているか」の確認も重要です。これらの情報は情報資産として登録されていないことが多く、リスクアセスメントの対象となっていないことも多くあります。しかし、情報の価値は変わらないため、適切なリスクアセスメント、管理策の適用が必要となります。管理者の見落としと合わせ、実務者の認識不足による軽率な行動も見られますので、現場でよく状況を確認することが重要です。

5.4.4　変化点に対する視点

　人の変化、物の変化、方法の変化、情報の変化など、現場ではさまざまな変化が日常的に生じています。特に人の変化に対しては、導入教育を行っていても短時間で済ませることも多く、管理策が十分説明されていないこともあります。現場監査では、担当者にも質問し、「セキュリティ対策について理解しているかどうか」について、また、状況によっては「実践できるかどうか」について確認することも重要です。

5.4.5　顧客からの貸与物に対する視点

　顧客先で常駐する業務を行う場合、顧客からIDカード、ロッカー鍵を支給されることもあります。しかし、顧客先は自社の適用範囲でないことを理由にこれら顧客支給品の貸与物について情報資産として登録されていないことも見られます。顧客先での管理策はとられても情報資産に載っていないためリスクアセスメントの対象となっていないことがあります。外部の資産であっても、自社（自己含む）で管理が必要なものには適切なリスクアセスメントにもとづく管理策の採用が必要です。現場でそのような対象物がないかよく確認する必要があります。

5.4.6 事業継続計画に対する視点

　事業継続において、ほとんどの組織は災害時の対応を想定していますが、「適切なテストや実地での訓練が行われているかどうか」、また、その実効性を確認することは重要です。

　ある組織では、ASP（アプリケーション　サービス　プロバイダ）として、情報サービスの提供を行っていました。事業継続では、災害時（停電時）にもサーバルームへの入室ができるように、避難時には物理的な鍵を持って逃げることを想定していました。この対応として、従業員を集め、災害時には物理的な鍵を持って逃げることを、周知し（頭で理解し）、記録に残していました。ところが、いざ大地震が発生したときには全員が無事に避難することができましたが、肝心の鍵を持って出た人はなく、結果的にサーバルームに入室することができず、システムはダウンしてしまい、顧客に大きな迷惑をかけてしまいました。その後、経営者は「頭で理解するだけではだめで、実際に実践することの重要性が今回のことでよく理解できました。教育と訓練の違いを痛感しました。高い勉強代でした」と言っていました。

5.4.7　紙媒体の廃棄プロセスに対する視点

　紙媒体の溶解処理を廃棄物処理業者に委託する場合、処分委託業者に対する管理が不十分な場合が見られます。廃棄物の運搬および処分の許可のみでなく、「情報セキュリティに関する取組みを適切に行っているかどうか」の確認が必要です。これには、書面上の確認のみでなく、実際に処分場に運搬している状況、処分場での委託物の保管、処理状況を実地で確認したほうがよい場合があります。具体的には、「自社から排出した後、処分が完了するまで、積替えや開梱作業によって中身を見ることなく、人の手が入らないようになっているかどうか」を確認するとよいでしょう。

5.5 チェックリストの例

表5.2に効果的な監査を行うためのチェックリストの一例を示します。あくまで一例ですので、ほんの一部のものになります。

特に、「採用している管理策とリスクの関連性の確認」については、仕事の流れ、情報の流れに対して、実施している管理策とリスク、リスクアセスメントの関連性を確認し、実務担当者の管理策とリスクとの認識レベルの確認を行います。

5.6 ベストプラクティスの例

5.6.1 人材育成も兼ねた内部監査

内部監査を単にチェック機能として活用するのではなく、監査員の育成を兼ねたツールとして活用している組織があります。

監査を行うことで、基準(あるべき姿)と実態(現状)の検証を客観的な事実にもとづいて検証できる力量が高まります。この力量は、日常業務においても極めて重要なマネジメント能力になります。内部監査を通じてこの力量を高めることは、内部監査だけでなく、日常の業務遂行のレベルアップに大きく寄与しています。

5.6.2 対話形式の内部監査

一方通行で管理策の順守を押し付けるのではなく、実務者と対話をしながら管理策の意味を再認識させることにより、意識向上につなげている組織があります。情報セキュリティに対する管理策、特にC(機密性)に対するものは、生産性を低下させるものが多くありますが、「なぜこの管理策が必要であるのか」を内部監査で実務者に伝え、確認している組織もあります。

さらに発展的な事例としては、リスク対応へより適切な管理策の提案

5.6 ベストプラクティスの例

表5.2 ベストプラクティス事例におけるチェックリスト(例)

項目	チェックリスト
採用している管理策とリスクの関連性の確認	・自業務におけるリスクの高い情報には何がありますか。 ・その情報に対する配慮事項は何ですか。 ・その配慮事項を行わないとどのような問題が生じますか。
法令順守と規定との関連性の確認	・自業務に関連する法令は何ですか。 ・それを順守するための管理策は何ですか。 ・法令違反を起こした場合には、組織および自身に対してどのようなダメージが懸念されますか。
事業継続の確認	・組織における事業継続に対する事象には何がありますか。 ・事業継続に対する計画にはどのようなものがありますか。 ・実施した結果はどのように評価していますか。
ヒヤリハットの確認	・入館証、USBメモリー、書類の入った鞄などを紛失しそうになり、ハッと思ったことはありませんか。 ・そのことは事例として申告してもらっていますか。 ・どのようなときにハッとすることが多いですか。 ・それは管理策でカバーできそうですか。新たな管理策の必要性はありませんか。
クラウド対応の確認	・どのようなクラウドサービスの提供を受けていますか。 ・サービス業者に対してはどのようなリスクアセスメントを行っていますか。 ・特定したリスクに対して、どのような管理策を選択し、実施していますか。 ・C(機密性)、I(完全性)、A(可用性)に対して、十分なリスクに合った管理策を採用されていますか。 ・事業者の信頼性はどのように評価していますか。 ・万が一、情報にアクセスできなくなった場合の対応策にはどのようなものがありますか(事業継続とも関連)。 ・業務復旧など、問題ないことをどのように計画し、確認し、評価していますか。
改善の確認	・業務上やりにくい、疑問に思っていること、改善してほしいことはありませんか。 ・なぜこの管理策が必要なのでしょうか。これが、どのようなリスクに対する管理策か知っていますか。 ・そのリスクをクリアするためにもっと良い方法はありませんか。

を得る機会として積極的に内部監査を活用しているケースが挙げられます。現場のことは現場の実務者が最も理解しています。また、一方的に定められた管理策を順守するよりも、自分たちで定めた管理策を順守するほうが、意識も向上し、順守レベルが高くなります。

5.6.3 順守評価のための内部監査

ISMSにおいて法令順守は個人情報保護法をはじめ、非常に重要です。スタンダードではありますが、管理策と法令との関連づけを確認し、現場での管理策の順守状況を内部監査で検証することが重要です。

5.7 費用をかけずにできる基礎的なセキュリティ対策

急速に進展する情報技術において、利便性の向上は著しいものがあります。一方で、利便性の向上に比例してリスクも大きくなると理解しなければなりません。

セキュリティ事故・事件の多くは故意・偶然を問わず、人的要因によるものが大半です。取組みに費用をかけようと思えば上限はないほど高額な費用がかかりますが、以下で「費用をかけずにできるセキュリティ対策は何かないのか」検討してみたいと思います。少し極端な視点もあるかもしれませんが、結局は基本的な取組みが重要と思われます。組織の取組みにおいての一要素として検討してもらえればと思います。

費用をかけずにできるセキュリティ対策として考えられるのは以下のとおりです。

（1）情報の整理整頓（クリアデスク、クリアスクリーン）

物事の基本事項ですが、情報管理においても、やはり整理整頓が重要です。整然としたなかで仕事ができる環境作りが必須だからです。雑然としたなかでは情報がなくなっても気づきません。整然としていれば、

すぐに気づくことができます。パソコンの中も同様のことがいえます。

（2） 自覚教育の継続した実施（理由づけ、結果の重大性の説明含む）

これも基本事項ですが、情報管理においても必須です。一人の軽率な行動が、組織および本人に対して取り返しのつかないことを引き起こしてしまいます。

もし事件・事故が起きてしまったら「なぜ起きたのか」「その理由は何か」、そして「どうなってしまうのか」を、一度だけでなく何度も何度も繰り返し自覚させることで、地道ながらも大きな効果を期待できます。

（3） 良好な職場環境の醸成

意図的なセキュリティ事故も絶えません。いくらお金をかけて強固な仕組みを作っても、結局は人を介して仕事が進みます。悪意をもってすればセキュリティ事故はすぐに発生してしまいます。(2)の自覚教育と合わせ、お互いが信頼関係を築き、良好な人間関係を構築することがより効果的な取組みとなります。

（4） 情報のヒヤリハット活動の推進

安全活動ではヒヤリハット活動を推進していますが、これは情報管理においても有効なので、情報に対するヒヤリハット活動を活発に行うことで、事故の未然防止に努めることも重要です。この副次的な効果で要員のリスクに対する危険の感受性も高めることができるため、結果的にさらなる事故の未然防止につながります。

ヒヤリハットの例としては、「電車で棚に鞄を置き忘れそうになった」「飲み会でIDカードを落としそうになった」「自動車内に書類を置き忘れそうになった」など、数多くの事象があるはずです。

（5） 紙媒体で耐火金庫に保管

現在の情報化社会に逆行するかもしれませんが、逆転の発想で本当に機微な情報については、紙媒体などにして耐火金庫に保管することも一考かもしれません。可用性は極めて低下しますが、外界との遮断を最も効果的に行うことが可能です。ただし、注意が必要なのは、金庫の錠管理を確実に行うことです。

5.8　増加するサイバー攻撃への対処法

昨今、サイバー攻撃件数は増加し続けています。また、その内容は日々進化し、多様化しています。「対象組織は限定されず、すべての組織が対象となっている」と認識する必要があります。管理者のみでなく、すべての要員が一丸となって対応することが重要です。

5.8.1　サイバー攻撃とは

インターネットなどを通じて、外部から内部のネットワークに侵入し、内部のコンピュータなどを攻撃し、データの改ざん、取得、システム停止などをすることです。

5.8.2　サイバー攻撃の種類

それではサイバー攻撃にはどのようなものがあるのでしょうか。主なものを紹介します。なお、分類の仕方には表5.3のようにさまざまな捉え方があります。

5.8.3　サイバー攻撃の基本的な対策法
（1）　要員への意識教育、ルールの順守

いくら強固な仕組みをもっていても、ルールが守られなければ、事故は発生します。要員への徹底した教育は必須です。

表5.3　サイバー攻撃の種類

名称	内容	種類	被害例
マルウェアによる攻撃	Malicious Softwareを短縮した言葉で、「悪意のあるソフトウェア」と訳されます。十分な同意を得ることなくインストールされるソフトウェアを指します。	ウイルス、ワーム、ランサムウェア、バックドア、トロイの木馬、スパイウェアなどがあります。	国立大学の業務用パソコン(PC)2台がランサムウェアの攻撃を受け、NAS(ネットワーク・ストレージ)などの情報書換えの被害が発覚。
標的型攻撃	特定の組織や企業、個人に対する、重要な情報の搾取、破壊などを目的とした攻撃のことです。	Dos攻撃、DDoS攻撃、フィッシング、水飲み場攻撃などがあります。	官庁のWebサーバがDDoS攻撃を受け、閲覧障害が発生。
Webアプリケーション関連の攻撃	Webアプリケーションの脆弱性(Webアプリケーションの動作に関連するシステムやプログラムの不備)を突いた攻撃のことです。	SQLインジェクション、バッファオーバーフロー、クロスサイトスクリプティング攻撃などがあります。	通販サイトがSQLインジェクション攻撃を受け、会員ID、メールアドレス、カード番号、住所、氏名などが流出。
パスワード関連の攻撃	パスワードを何らかの形で入手、推測し、攻撃することです。	パスワードリスト攻撃、辞書攻撃などがあります。	オンラインショップがパスワードリスト攻撃を受け、氏名、所有ポイントが第三者に閲覧された可能性。

(2)　パソコンへの対策

　以下のすべては基本的なことですが、おろそかにせず、一つひとつ徹底することが重要です。

- WindowsやmacOSなどのOS(オペレーションシステム)を常に最新版にアップデートする。
- 他のアプリケーションも常に最新版にアップデートする。
- セキュリティソフトを導入し、常に最新版にアップデートするよう設定しておく。

- 怪しい、身に覚えのないメールは絶対に開かない。
- 不明なサイト、怪しいサイト、URLは絶対にクリックしない。
- 不用意に個人のスマートフォン、タブレット端末などを接続しない。

（3） サーバへの対策（所持している場合）

システム全体に影響するため、細心の注意が必要です。
- OSやアプリケーションなどの脆弱性対策を徹底する。
- アカウント管理の徹底、各種システムログ、セキュリティログなどを取得して監視し、不正なアクセスを検知したら、遮断する。
- システムファイルやアプリケーション構成ファイルの変更を監視し、異常時には即対応する。

（4） その他

以下の取組み内容に配慮することも重要です。
- スマートフォンのセキュリティ対策の徹底
- 会社のパソコンに対する接続制限の徹底
- USBメモリーの不正使用、感染、紛失の予防徹底
- 私用パソコンの持ち込み制限の徹底

【コラム⑤】 GDPR（一般データ保護規則）

　2018年5月25日に施行されたこの規則は、第1条の「対象事項と目的」に「個人データの取扱いに係る自然人の保護に関する規定及び個人データの自由な流通に関する規定を定める」とあります。規則の名称に個人データとありませんが、自然人（反対語は法人）とはいわゆる個人のことなので、個人データやプライバシーの保護に関する規則となります。EUのWebページで専用コーナーが準備されているので原文はこ

ちらを参照してください[4]。

　原文は、欧州の各国の言語で規定されていますが、個人情報保護委員会が日本語訳をWebページで公開しています[5]。この規則は、第1章の総則から第11章の最終条項まで全部で99の条項で構成されています。第2条は実態的範囲、第3条は地理的範囲が規定されています。ここに「EU域内に拠点を持たない管理者による個人データの取扱いにも適用される」ことが規定されていることから日本国内にある事業者にも適用される可能性があることがわかります。第4条は定義で、「個人データ」「データ主体」「プロファイリング」「仮名化」「取扱者」「同意」「主たる事業所」「事業者」「越境的取扱い」など全部で26の用語が規定されています。第5条から第11条は諸原則ですが、原則といえども違反があると第83条にある最大で、2000万ユーロ（およそ26億円）、または前会計年度の全世界年間売上高の4％までのどちらか高いほうが制裁金として科せられることになります。

　GDPRへの具体的な対応を知りたい方は、日本貿易振興機構（通称JETRO）からも「EU一般データ保護規則（GDPR）」にかかわる実務ハンドブック」が公開されておりダウンロードすることが可能です[6]。

　この他、適切な保護措置に従った移転（第46条）に関して、データ輸出者とデータ輸入者との間で標準的契約条項（Standard contractual clauses：SCC）を取り交わす必要がありますが、このひな型も掲載されています。

　何かと面倒なGDPRですが、朗報は2018年7月17日にEUと日本政府の間で個人情報を相互に移転する枠組みをつくることで最終合意したと報じられたことです。双方の国内手続が今秋までに終えることがで

---

[4] European Commission：「Data protection」(https://ec.europa.eu/info/law/law-topic/data-protection_en)（アクセス日：2018/8/21）
[5] 個人情報保護委員会：「GDPR」(https://www.ppc.go.jp/enforcement/cooperation/cooperation/GDPR/)（アクセス日：2018/8/21）
[6] 日本貿易振興機構（ジェトロ）：「特集　EU一般データ保護規則（GDPR）について」(https://www.jetro.go.jp/world/europe/eu/gdpr/)（アクセス日：2018/8/21）

きれば、十分性認定にもとづく移転(第45条)が認められ、上記のSCCを取り交わす必要もなくなります。今後の発表に期待したいところです。

　中小企業の方に関わらずこの規則への対応は大変ですが、規則(原文または日本語訳)を片手に各種ハンドブックを参照し、一つひとつ解決していくのが結局は近道となりそうです。

第6章
労働安全衛生マネジメントシステム内部監査の実践的なポイント

6.1　労働安全衛生マネジメントシステムが必要な理由とISO 45001の誕生

　労働安全衛生に関してわが国の努力は多大なものがあり、労働災害による死亡者の数は、2012年の1,093人に対して2017年の928人と減少しています。しかし、労働災害による休業4日以上の死傷者の数は、同じ期間でわずかな減少(1.4%)に留まり、逆に、小売業(2.6%増)、社会福祉施設(27.8%増)、飲食店(9.5%増)、陸上貨物運送事業(1.0%増)はいずれも増加しています[1]。また、「休業4日以上という統計の取り方では、労働災害の事態を諸外国に比べ相当に過少にカウントしている恐れがある」という指摘もあります[2]。さらに、化学物質関係の災害は明確に減少しているとはいえません。主に過去の遺産ですがアスベストによる労働災害は累計では約10万人の死者も予想され[3]、空前の公害となる可能性があります。市場にはまだ多くのアスベスト断熱材、含有建材が存在し、特にプラントや建築物の解体時の飛散防止が今後の課題で

---

1) 厚生労働省労働基準局安全衛生部：「第12次労働災害防止計画の評価(2017年7月24日)」(https://www.mhlw.go.jp/file/05-Shingikai-12602000-Seisakutoukatsukan-Sanjikanshitsu_Roudouseisakutantou/0000183226.pdf)(アクセス日：2018/8/21)
2) 日本産業衛生学会政策法制度委員会：「提言 産業現場におけるこれからの化学物質管理のあり方について(平成27年(2015年)6月1日)」(https://www.sanei.or.jp/images/contents/325/Proposal_Chemicals_Occupational_Health_Policies_and_Regulations_Comittee.pdf)(アクセス日：2018/8/21)
3) 村山武彦：「わが国における悪性胸膜中皮腫死亡数の将来予測(2002/4/17)」(http://park3.wakwak.com/~banjan/main/murayama/html/murayama.htm)(アクセス日：2018/8/21)。この推定はその後の実態追跡調査でかなり信頼性が高いとされます。

す。また、近年はメンタルストレスおよび過労が大きな社会問題として浮上しています。

　わが国では、「労働安全衛生は、労働安全衛生法を順守すればよい」とする考え方が多いと思いますが、「法令の基準さえ守ればよい」とすると、さらなる改善や予防が進みにくくなる一面もあります。マネジメントシステム（以下、MS）を構築して自主的に継続的な改善を図ることは、労働安全衛生 MS（以下、OH&SMS）が必要となる大きな理由の一つです。

　労災は、人道上見地から限りなく予防すべき課題ですが、一方で労災が発生すれば経営にも大きなコストになる点も見逃せません。

　OH&SMS の規格としては、BS（英国規格）8800 が 1996 年に誕生し、これをベースに OH&SMS 規格（OHSAS 18001）が 1999 年に発行されました。しかし、これの ISO 規格化は、当時は ILO の賛同が得られず、2001 年に ILO は OH&SMS のガイドラインを公表しました。その後、紆余曲折を経て 2018 年 3 月に ILO とも合意したことで、ISO 45001 が誕生しました。

6.2　関連する法令、指針など

　労働安全衛生に関する法律としては、労働安全衛生法が有名ですが、直接・間接に関係する法令は表 6.1 のとおりです。

　労働安全衛生法は、雇用される労働者保護の立場から、怪我、酸欠、化学物質などの災害予防などが定められ、その範囲も管理体制を含めるなど広範に及んでいます。さらに、さまざまな規則があって、具体的な作業内容やその危害予防などを定めています。主なものは、労働安全衛生規則、有機則、特化則、石綿則などです。

　最近の傾向としては、メンタルヘルスや過重労働などが重視されています。さらに、真夏日や猛暑日の増加による労働中の熱中症対策も重要

表6.1 労働安全衛生に直接・関連に関係する法令

法令	目的または概要
労働安全衛生法	安全衛生管理体制や、労働者を危険や健康障害から守るための措置、機械や危険物・有害物に関する規制、労働者に対する安全衛生教育、労働者の健康保持増進措置などについて定められている。
作業環境測定法	労働安全衛生法と相まって、作業環境の測定に関し、作業環境測定士の資格および作業環境測定機関などについて必要な事項を定めることにより、適正な作業環境を確保し、もって職場における労働者の健康を保持することを目的とする。
じん肺法	じん肺に関し、適正な予防および健康管理その他必要な措置を講ずることにより、労働者の健康の保持その他福祉の増進に寄与することを目的とする。
労働者派遣事業の適正な運営の確保及び派遣労働者の保護等に関する法律	労働力の需給の適正な調整を図るため労働者派遣事業の適正な運営の確保に関する措置を講ずるとともに、派遣労働者の保護などを図り、もって派遣労働者の雇用の安定その他福祉の増進に資する。
建設工事従事者の安全及び健康の確保の推進に関する法律	建設業者などは、基本理念にのっとり、その事業活動に関し、建設工事従事者の安全および健康の確保のために必要な措置を講ずるとともに、国または都道府県が実施する建設工事従事者の安全および健康の確保に関する施策に協力する責務を有する。
過労死等防止対策推進法	過労死等に関する調査研究等について定めることにより、過労死等の防止のための対策を推進し、もって過労死等がなく、仕事と生活を調和させ、健康で充実して働き続けることのできる社会の実現に寄与することを目的とする。 事業主は、国および地方公共団体が実施する過労死等の防止のための対策に協力するよう努めるものとする。
労働基準法	労働条件の最低基準(8時間労働制、週休制など)を定めた代表的な法律で、1947年に制定。労働基準法を下回る労働条件などは、労使の合意があろうとも「この法律で定める基準に達しない労働条件を定める労働契約は、その部分については無効とする」ことが規定されているため、労働者保護の法律となっている。
働き方改革を推進するための関係法律の整備に関する法律	使用者は、過半数労働組合などとの協定で定めるところにより、一カ月四十五時間および一年三百六十時間の限度時間を超えない時間に限り労働時間を延長して労働させることができる。当該協定により臨時的に限度時間を超えて時間外労働などをさせる場合であっても、一カ月百時間未満であることなど、一定の要件を満たすものとしなければならない。これに違反した使用者には所要の罰則を科すものとする。

表 6.1 つづき

法令	目的または概要
職場における熱中症の予防について（厚生労働省労働基準局長（基発第 0619001 号 平成 21 年 6 月 19 日））	熱中症予防対策に関し、作業環境管理を具体的に解説している。

です。厚労省、環境省などの Web ページに対策ガイドなどが示されていますので参照するとよいでしょう。

6.3 監査の主な目のつけどころ

6.3.1 労働安全衛生パフォーマンスの重視

■ここでのポイント！
　OH&SMS の内部監査では、パフォーマンスの視点も重要である。

　OH&SMS 規格では、従来より他の MS 規格と比べて、パフォーマンスが重要視されてきました。ISO 45001：2018 に引き継がれた OHSAS 18001：2007 では、適用範囲にパフォーマンスを向上できるように要求事項を規定していることが述べられていました。経営者に対しては、その労働安全衛生方針のなかでパフォーマンスの継続的改善に対するコミットメントを含むことや、マネジメントレビューにおいて、パフォーマンスに関するアウトプットを要求していました。ISO 45001：2018 になって、パフォーマンスに関する要求は、他の MS 規格と同レベルになりましたが、労働安全衛生におけるパフォーマンスの追求は、引き続き重要なポイントです。

この規格では、モニタリングおよび測定するパフォーマンス指標として、9.1.1で具体的な考え方が規定されています。ISO 45001：2018になって、他のMS規格と同様、「予防処置」という用語を使わなくなりましたが、その代わり、OH&SMS規格全体で、リスクの考え方を用いた未然防止の活動が求められています。OHSAS 18001：2007では、測定／監視するパフォーマンスの事例として、「予防的指標」や「事後的指標」という視点が提示されていましたが、パフォーマンス指標に関するこの視点は重要です。災害発生件数や強度率／度数率、ヒヤリハットの提案件数などのような事後的指標とともに、安全パトロール、設備の定期／自主検査、健康診断、内部監査の結果や、作業環境測定の結果などのような予防的指標を効果的に設定して、それを監視／測定し、分析することで、リスクが実際に低減されていることを評価できるような運用を追求したいところです。内部監査では、積極的にパフォーマンスの評価を取り入れ、組織が目指す成果を実現してもらいたいと思います。

6.3.2　労働安全衛生リスクの評価と労働安全衛生マネジメントシステムのPDCA

> ■ここでのポイント！
> - 危険源の特定を漏れがないように特定することが重要である。
> - 現場を「ありのまま」に捉えることが、リスクアセスメントを成功させるためには重要である。
> - 労働安全衛生リスク（以下、OH&Sリスク）の管理も、PDCAのサイクルで継続することが重要である。

　OH&SMS規格では、OHSAS 18001：2007規格から、リスクアセスメントを、その重要なマネジメントプロセスとして備えていました。それは、ISO 45001：2018にも引き継がれています。

OH&SMSのリスクアセスメントは、「危険源の特定」「危険源に関するリスクの評価」「必要な管理策の決定」という手順で進めます。リスクアセスメントの手法として、ISO/IEC Guide51「安全側面—規格への導入指針」に沿って開発された基本規格である機械類の設計において安全性を達成するときに適用される基本用語および方法論を規定した規格（ISO 12100 シリーズ、JIS B 9700 シリーズ）などが代表的なものです。わが国の「危険性又は有害性等の調査等に関する指針」（通称：リスクアセスメント指針）には、リスクアセスメントに関する基本的な考え方とリスクを見積もる方法が例示されていますので参考にできます[4]。

表 6.2 にリスクアセスメントの様式例を示します。

リスクアセスメントの成功のカギは、手順の最初のステップである「危険源の特定」にあります。「危険源の特定」では、①危険源、②被災者、③危険内容、④危害の内容、などを特定することが重要です。**表 6.2** では、2 の欄に相当しますが、「ここで、どれだけ現場作業を"ありのまま"に表現できるか」がポイントです。このとき、危険予知（KY）を行う 4 ラウンド（R）法の最初の第 1R の現状把握（どんな危険がひそんでいるか）の手法が役に立ちます。この手法を組織全体で活用することで、「危険源」を特定する表現方法を標準化することができ、その後のリスクの見積もりおよびリスク低減策の検討の精度を向上させることができます。

こうして特定した危険源に対して、次にその OH&S リスクを評価します。リスクアセスメントの結果は、OH&SMS の PDCA のマネジメントサイクルのなかで取り扱われる重要な要素になります。すなわち、リスクアセスメントは、一過性のものではなく、OH&SMS とともに継続します。

---

[4] 厚生労働省：「平成 18 年 3 月 10 日　厚生労働大臣がリスクアセスメントの実施による自主的な安全衛生活動の促進を図るための指針を発表」（https://www.mhlw.go.jp/houdou/2006/03/h0310-1/html）（アクセス日：2018/8/21）

表 6.2 リスクアセスメント実施一覧表（例）

様式1 リスクアセスメント実施一覧表（安全）

対象職場 *1 （鋳物製造工程等を記入）	1, 2, 3 の実施担当者と実施日	4, 5, 6 の実施担当者と実施日	7, 8 の実施担当者と実施日		社 長	安全衛生委員長	製造部長	課 長
運搬工程	年 月 日	年 月 日	年 月 日					

1. 作業名 （機械・設備）	2. 危険性又は有害性と発生のおそれのある災害 （災害に至る過程として「～なので、～していて、～になる」と記述します）*2	3. 既存の災害防止対策	4. リスクの見積り *3 重篤度／可能性／頻度／リスク				5. リスク低減措置案	6. 指摘想定リスクの見積り *2 重篤度／可能性／頻度／リスク				7. 対応措置 対策実施日／次年度検討事項		8. 備 考 （残留リスクについて）
(記入例) フォークリフト運搬作業	フォークリフトで受け入れた原材料を荷らろしている時、作業床の凹凸でフリフトの荷が崩れて、荷崩れした原材料が歩行者に激突する。	作業前に指差し呼称で確認をしている。	6	4	2	IV(12)	作業床の凹凸を補修する。	6	1	1	II(8)			
①														
②														
③														
④														
⑤														
⑥														
⑦														
⑧														
⑨														
⑩														

出典）厚生労働省：「リスクアセスメント等関連資料・教材一覧」「鋳物製造業におけるリスクアセスメントマニュアル」「第3章 リスクアセスメント実施一覧表の作成（安全・労働衛生）」(https://www.mhlw.go.jp/bunya/roudoukijun/anzeneisei14/dl/it070501-1d.pdf)（アクセス日：2018/8/21）

また、OH&Sリスクを評価した結果に対して行う判断(「受容する」「適切な管理策を条件に受容する」「このままでは受容できない」など)は、リスクに対する働く人などのニーズの変化、適用できる技術の変化、あるいは、組織が適用できる財源などにより変化します。この継続的な取組みも、OH&SMSのリスクアセスメントの重要なポイントです。

OH&SMS規格は、他のMS規格と共通に、PDCAを基盤に構築されています。「このPDCAが効果的に運用されているかどうか」は、内部監査の重要なポイントで、これについては、すでに本書で解説してきたとおりです。さらに、OH&Sリスクに対しても、図6.1で示すように、「PDCAのサイクルを通じた継続的な取組みになっているか」について内部監査を通じて確認していきたいものです。

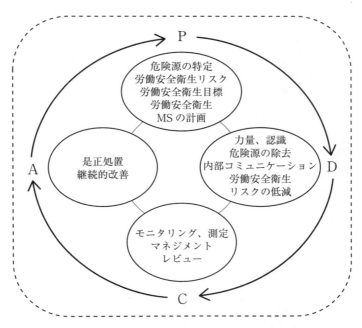

図6.1　労働安全衛生リスクとPDCA

6.3.3 働く人の協議と参加

■ここでのポイント！
　OH&SMSでは、働く人に焦点が当たっていることが重要である。

　OH&SMSにおいて、「働く人」に焦点が当てられているのも大きな特徴の一つです。ISO 45001：2018の5.4は、OH&SMS固有の要求事項として規定されており、ここでは働く人の「協議」と「参加」を、各々、「管理策の決定など組織の意思決定に先立って、双方向のコミュニケーションを通じて働く人の意見を求めること」「そうした組織の決定に、働く人も関与させること」のように規定し、そのプロセスを確立することが要求されています。
　さらに、規格のなかでは、以下のようなことが規定されています。
- 働く人のニーズや期待を把握すること(4.1)
- 経営者が協議および参加のプロセスを確立するとともに、そのプロセスを通じて働く人が報告することで不利的な扱いを受けるようなことがないように保護すること(5.1)
- その活動の状況をマネジメントレビューで取り扱うこと(9.3)
- 労働安全衛生目標を設定するときに働く人の意見も十分に聞くこと(6.2.1)
- 内部監査の結果(9.2.1)
- インシデントや是正処置に関する情報(10.2)
- 継続的改善に関する結果(10.3)を働く人に伝達すること

　OH&SMSの管理者に、「働く人のOH&SMSへの参画」について、きめ細かく要求事項を規定しているといえます。

6.4 現場監査の目のつけどころ

6.4.1 安全パトロール

■ここでのポイント！
安全パトロールを内部監査の一環と捉えることは効果的である。

組織が従来から行ってきた「安全パトロール」を、OH&SMS における現場の内部監査と位置づけていることは多くあります。

「安全パトロール」が必ず現場を訪問し、安全・衛生の管理者や対象職場の責任者など、さまざまな立場の人が参加することで、その結果は、安全衛生委員会などを通じて、経営者に報告されるでしょう。そして、何よりも多くの組織のなかで安全文化の一つとして定着しているので、このような活動を内部監査の一環とすることで効果的な取組みとなることが期待されます。しかし、ここでぜひ注意したいことがあります。

もし、「安全パトロール」が、法的要求事項への対応を含め、決められた約束事の遵守状況を確認するのがもっぱらの活動のままでしたら、OH&SMS の内部監査としては、「不十分」です。「安全パトロール」で、現場に適用される法律への対応を確認することは、組織として必要なことですが、「法律に対応できていることが、職場の安全対策が整っている」ということにはならないからです。

最近の現場は、ますます複雑になり、高エネルギー(熱、運動、質量)化し、かつ、変化のスピードが速くなっています。その結果、法律だけでは、現場の危険源を網羅することはないことが多くなっています。それに対応できるのが、OH&SMS のリスクアセスメントなのです。さまざまな視点ももった人たちが現場を訪問し、現場のしにくい、やりにくい仕事／作業などを洗い出すことも、安全パトロールを内部監査に活用するときの重要な役割となります。

6.4.2　法的要求事項への対応

> ■ここでのポイント！
> 　法令違反があれば「なぜ、そうなっているか」を確認する。

　内部監査で、法的要求事項（およびその他の要求事項）の順守状況のチェックをパフォーマンス監査として行うことは、（第三者審査と比較して）内部監査の強みといえます。ここで「不順守」の状況が検出された場合は、組織のOH&SMSの不適合として取り扱い、その内容に応じて是正処置が行うことになります。この是正処置を通じて組織のOH&SMSにある弱点を特定でき、システムの強化が図られるでしょう。

　さらに、ここで確認したいのが、当該事象に関してあらかじめ行われていた「リスクアセスメントの結果」です。現在、法的要求事項への対応として適用している管理策（個人用保護具の装着など）に、もし、現場の働く人にとっての「やりにくさ」などがある場合、それがOH&Sリスクとして評価されていなかったら、たとえ、そのルールを形式的に順守させたとしても、まだ、OH&Sリスクが残った状況が継続してしまう可能性があります。

　法的要求事項が守られていない状況に対応して、ただ、順守させるだけでは、働く人の安全衛生を実現できているとはいえない可能性（許容できないリスクがある状態）が残ってしまうことを認識することが重要で、それを現場の内部監査で確認してもらいたいと思います。

6.4.3　衛生管理への取組み

> ■ここでのポイント！
> 　安全と同じく、衛生への取組みが重要である。

安全対策(回転体に接触することによる怪我、高温に触れることによる火傷など)に比べ、衛生面の対策は、危険源とその影響が単純でないことから、具合的な取組みを計画するのが難しく、安全面に比べて対応が遅れる傾向がありました。それでも、「熱中症」への対応などは、厚生労働省からの熱中症関連情報など、多くの情報が提供されたり、日常生活との類似性もあるので、現場作業のなかで、他の衛生面の課題に比べて、上手に対応できるようになっているのではないでしょうか。この経験を活かして、その他の衛生面、例えば、重量物の取扱い、臭気、騒音への対応など取り組んでほしいと思います。

衛生面でのポイントは、「人」の要素(年齢、経験、性差など)、また「作業」の要素(回数や時間、頻度などの条件)について、現場で注意深く観察し、必要な取組みを行うことですが、さらに大切なことがあります。当事者(実際に作業をしている人たち)の受け止め方を直接、ヒヤリングすることです。これにより、衛生の実態を把握できるだけでなく、「会社は自分の仕事に関して強く関心をもってくれている」という当事者の信頼感を醸成することにもつながり、重大な影響(症状)が出る前に、意思表示できる環境をつくることができます。

6.4.4 作業エリア

■ここでのポイント！
　現場で働く人の安全衛生に影響する作業環境の内部監査の重要なポイントである。

(1) 仮置き
　最近の工場や現場では、資材や工具類、あるいは、交換用の装置を置く場所を、表示やラインなどできちんと設定する置場管理が徹底される

ようになりました。その一方で、どうしてもそこに収容しきれないものを「仮置き」と表示して置くようになります。所定の置場を設置する際には、作業者の動線などが考慮され合理的である反面、「仮置き」場所は、当事者による判断になる傾向があるようです。「仮置き」の様子から、扱い量が増えているのかなども判断できることから、「仮置き」が定常化しないような現場の見方が必要です。

(2) 床面の塗装

作業現場の環境整備の一環だけでなく、床面の滑り対策などの観点で、滑り止めも含む塗装による整備が積極的に行われていることは望ましい状況です。ただし、その過程において、作業エリアごとに床面の状況が異なる状況が存在します。そのようなとき、「モノを運ぶ」「作業者が歩くとき、その境目で滑る」「逆に躓く」などの影響があります。そのような場合は、その期間限定の注意喚起、表示などをきめ細かく見ることが大切です。

6.5 チェックリストの例

6.5.1 リスク低減策の優先順位(8.1.2)

■ここでのポイント！
リスクを低減する対策を検討するとき、優先順位が重要である。

OH&SMSのリスクアセスメントの大きな特徴は、必要な管理策を考えるときに、以下の優先順位が設定されているということです。

a) 除去する
b) 代替えする
c) 工学的管理策を行う

d) 標識や教育などの管理的な対策を行う
e) 個人用保護具を使う

この「優先順位」を見てわかるとおり、必要な管理策を決定するときには、上位、すなわち、より本質的な対策から考えます。そして、「個人用保護具」というのは、「上位の対策が実施できないか、十分でない場合に、やむを得ず選択する」という選択肢なのです。そして、このリスクアセスメントを、OH&SMS 導入後も継続しながら、安全に関する新しい技術の活用、財政的支援の確保など、状況の変化に対応して、より上位の管理策を選択するのです。したがって、たとえ法律的には対応できている対策であっても、それで対策の検討が終わるものではなく、「リスクアセスメントを継続して、常により上位の管理策を追及する」というのが OH&SMS の本質です。

これをチェックリストにすると表 6.3 のようになります。

表 6.3 内部監査のチェックリストの例 (8.1.2)

条項	チェック項目	質問	記録／備考
8.1.2	優先順位に従って、管理策は決められているか。	この作業のリスクアセスメントの結果、個人用保護具の着用を決めていますが、危険源を取り除くとか、もっと安全な作業方法への変更は、検討しましたか。	

6.5.2 労働安全衛生マネジメントシステムに固有の是正処置に関する要求事項（10.2）

■ここでのポイント！
是正処置で計画した対策に対する実施前のリスクアセスメントが

> 重要である。

　OH&SMS にも、他の MS 規格と同様に、是正処置プロセスが要求されています。ただし、OH&SMS における是正処置には、他の MS にはない、上記のような要求事項があります。

　この要求事項の狙いは、是正処置、例えば、発生した事故災害を再発させないための是正処置の計画では、作業方法、使う材料、あるいは用具など、さまざまな変更が想定されます。その計画は、発生した事故災害の発生の原因を特定し、それを排除することで、この事故災害の再発を防止するものです。

　一方で、ここで変更した新しい作業方法、あるいは新しい材料、用具、設備などを用いた場合、それに起因する危険源を特定し、リスクを評価してから、是正処置の計画を実行に移すこと求められています。

　特に、組織で、OH&SMS と他の MS(QMS、あるいは、EMS など)を統合したり、組み合わせて運用している場合、内部監査やマネジメントレビュー、是正処置のように各 MS に共通のマネジメント要素は、共通の管理手順を適用していることが多いのですが、少なくとも OH&SMS の是正処置については、この要求事項が欠落してしまわないよう、注意が必要です。

　これをチェックリストにすると表 6.4 のようになります。

表 6.4　内部監査のチェックリストの例(10.2 e))

条項	チェック項目	質問	記録／備考
10.2 e)	処置の実施に先立ち、リスクアセスメントを行っているか。	この是正処置で、作業手順と使用する材料を変更していますが、新しい作業手順と材料に対するリスクアセスメントは実施しましたか。	

6.6 ベストプラクティスの例

6.6.1 協力会社との共同運営

> ■ここでのポイント！
> 経営者の強いリーダーシップが大切である。

　工場内に常駐する協力会社の活動は、基本的に OH&SMS の適用範囲に含まれています。ただし、OH&SMS を運用するうえで、そうした協社の参画の形態はさまざまです。そして、工場（OH&SMS 組織）側が運営の主体となって、協力会社に OH&SMS 上の活動を展開して活動してもらうという形態が一般的です。

　ある工場でも、OH&SMS 導入初期段階は、このような形態で OH&SMS を運営していました。その後、経営者が、「事故は現場で起こる」「事故を防ぐノウハウは現場に存在する」、したがって、「安全は現場で確保するもの」という考え方に立ち、この協力会社を直接、OH&SMS 上に取り組むべく、協力会社の経営層を含め、計画的に OH&SMS を再構築しました。

　その結果、審査機関による審査においても、協力会社の人たちも直接、対応できるようになるなど、協力会社と一体になった OH&SMS に転換することができました。

6.6.2 リスクアセスメントの結果の効果的な維持管理とその成果

> ■ここでのポイント！
> リスクアセスメントの成果は、効果的なマネジメントのためにさまざまに活用できる。

6.6 ベストプラクティスの例　145

　OH&SMS を運用するには、「リスクアセスメント結果一覧」のようなリスクアセスメントの結果を作り上げ維持しなければなりませんが、これには相当のエネルギーを費やします。

　せっかく、手に入れた「リスクアセスメントの結果」を、効果的に活用している事例として、以下の(1)～(3)を紹介します。

(1) 安全衛生に関するノウハウの集大成

　リスクアセスメントの結果、対応が必要なリスクを特定し、そのリスクを低減するための対策が計画されます。その対策を現場に適用する作業手順書に反映させるとき、そのリスクと対応する作業手順書の関連を明確にしておきます。その結果、現場に使われている作業手順書に定められたさまざまなルールが定められた背景、理由、あるいは、このルールが守られないときに想定される状況などが、リスクアセスメントの結果に戻ることで理解できるようにしています。こうすることで、リスクアセスメントの結果を、組織独自の安全衛生に関するノウハウの集大成としても活用できています。その結果、新人教育などでは、作業手順書とリスクアセスメントの結果の両方を教材とすることで、ルールを守ることの重要性も認識できるようにもなっています。

(2) 安全衛生に関するデータベース

　この組織では、「リスクアセスメントの結果」をデータベース化してあります。他社事例などから水平展開するとき、現場の調査と並行して、このデータベースから、該当する危険源、あるいは、リスクなどを抽出することができるようにしています。その結果、対策の迅速化など、効果を上げています。

(3) 経営者が活用するデータ

　このように整備された「リスクアセスメントの結果」は、経営者に

とっても非常に貴重な情報源になっています。当初はリスク値を中心に評価し、高いリスク値に対する対応が主な活動になります。その後、安全な職場から働きやすい職場への展開を図ろうとするとき、ターゲットを設定するようなときにも、「リスクアセスメントの結果」を活用しています。経営者にとって、「意図した成果」に向かうための貴重な情報源になっています。

第7章
食品安全マネジメントシステム内部監査の実践的なポイント

7.1　食品安全マネジメントシステムが必要な理由

　"食"は生活に欠かせないものです。"食の安全"の上に、安心が、その上においしさや楽しさがあります。食品関連組織は、消費者に、もしくは、取引先に対して、「自社の製品が安全であること」「だから安心できること」「マネジメントシステム規格の顧客要求事項に合致していること」「おいしいこと」を客観的な証拠とともに明示し、アピールし、自分たちを選んでもらう必要があります。

　食品安全マネジメントシステム（ISO 22000、FSSC 22000、JFS-Cなどの規格。以下、食品安全MS）は、「安全な食」の提供に対する継続的改善として有効な仕組みです。対外的には国際競争力の強化、ブランドイメージ向上、取引先・消費者からの信頼獲得、内部的には、従業員の食品安全意識の向上、工場運営力の強化、統一された管理基準による業務効率化などにつながります。

　ここで、食品安全MSが求められる社会的な背景を以下に見ていきましょう。

7.1.1　食品に関連する事故・事件

　今や食品に対する消費者の関心は高く、情報を得ることが容易な時代です。そのため、一度、食中毒などの事故が発生し、かつ、その対応を誤ると大きな事件となり、企業やその製品に対する社会的信用、製品全体への信頼性を取り戻すことは極めて困難です。社会的な責任が問われ

る問題に発展することもあり、事故製品の回収にも多額の費用を要します。

食品安全 MS は予防処置の仕組みであり、安全でない可能性のある製品の取扱い、回収手順、食品防御、食品偽装に関する要求事項も含まれています。

【コラム⑥】　食品安全上問題となった事故・事件事例

　新聞などで報道された事例として、例えば、乳製品の黄色ブドウ球菌食中毒(2000 年日本)、中国製冷凍餃子の有機リン系殺虫剤による食中毒(2007 年日本)、牛肉製品への馬肉・豚肉混入(2013 年アイルランド)、中国産上海ガニからダイオキシン検出(2016 年香港)、廃棄食品の不正転売(2016 年日本)などがあります。ノロウイルスや O-157 による感染症・食中毒、異物混入、アレルゲン表示ミス、産地偽装なども発生しています。

　厚生労働省の Web ページ[1]に食品の回収事例が載っています。他山の石として、自社の食品安全に役立ててください。

7.1.2　和食・日本の食文化の発信および輸出の推進

　和食・日本の食文化は世界に広がりを見せています。2013 年 12 月に「和食」はユネスコ無形文化遺産に登録されました。「地球に食料を、生命にエネルギーを」という「食」をテーマにしたミラノ万博(2015 年開催)において、日本館は「行列のできるパビリオン」として、地元イタリア館と並んでトップクラスの人気でした。また、2020 年にはオリン

---

1)　厚生労働省:「食品衛生法に違反する食品の回収情報」(https://www.mhlw.go.jp/stf/seisakunitsuite/bunya/kenkou_iryou/shokuhin/kaisyu/index.html)(アクセス日: 2018/8/21)

ピック・パラリンピックが東京で開催され、世界中の人々が和食に触れることでしょう。

政府が日本再興戦略(2013年6月14日閣議決定／2016年改定)に輸出力の強化を含めた結果、日本の農林水産物・食品の輸出は、2013年から5年連続で増加し、2017年の輸出実績は8,071億円に達しました。さらに、2019年の農林水産物・食品の輸出額1兆円目標の達成が目指されています。

和食・日本の食文化の発信・輸出の推進は、食の安全・安心の上に成り立っているため、ISO 22000などの認証取得はその裏づけになります。また、食品安全の規格には、「文書化された手順」「文書化」「記録」の要求事項があり、責任および権限の明確化、根拠や妥当性を求める箇所もあります。そのため、食品安全MSを導入することで業務の標準化を図ることができ、さらに、次世代への知恵の伝達をより効率的に行うことができます。その結果、日本の良いところを保ちつつ、国際社会につながっていく組織の風土作りに役立つのです。

7.1.3 社会が求める"食"

国際社会は、持続可能な開発目標(Sustainable Development Goals：SDGs)を含む「持続可能な開発のための2030アジェンダ」を2015年に採択しました。SDGsの17目標のうち、目標2、3、12などは"食"に関係します[2]。国際社会のなかにおける日本として、MSの仕組みを本業に取り入れて活用するだけでなく、SDGsに結びつけること、また、取組みの成果を地域社会、国内だけでなく国際社会に向けて発信することが必要な時代になっていると思います。

---

[2] 例えば、目標2は、「飢餓を終わらせ、食料安全保障及び栄養改善を実現し、持続可能な農業を促進する」とあります。詳しくは**第1章の脚注2)**(p.6)に記したリンク先を参照してください。

【コラム⑦】 ISO 22000

　ISO 22000 は、ISO 9001 の考え方をベースに、食品安全のための衛生管理と HACCP 手法が組み込まれた MS 規格です。

　2018 年 6 月に発行された ISO 22000：2018 は、共通テキスト（附属書 SL）が採用されました。この規格によって組織及びその状況、利害関係者のニーズや期待を理解し、リスク及び機会に取り組み、パフォーマンス評価も行うことになり、他の規格との統合 MS の運用や、組織の経営にさらに役立つものとなりました。

7.2　食品安全にかかわる規格

7.2.1　日本における HACCP の制度化

　読者の皆さんは「HACCP 義務化」という言葉を耳にしたことがあるかもしれません。

　厚生労働省は、「食品衛生管理の国際標準化に関する検討会」の最終とりまとめ（2016 年 12 月 26 日発行）を踏まえ、「製造・加工、調理、販売等を行う全ての食品等事業者を対象として、HACCP による衛生管理の制度化」の検討を進めています。一般衛生管理をより実効性のある仕組みにするとともに、HACCP による衛生管理の手法を取り入れ、日本の食品のさらなる安全性向上を図ることを基本的考えとしています[3]。

　すでに先進国を中心に HACCP の義務化は進められており、例えば、

---

[3]　具体的な内容は、厚生労働省医薬・生活衛生局：「食品等事業者団体による衛生管理計画手引書策定のためのガイダンス」（第 2 版）（https://www.mhlw.go.jp/file/06-Seisakujouhou-11130500-Shokuhinanzenbu/0000168901.pdf）（アクセス日：2018/8/21）を参照してください。

米国では 2011 年に成立した食品安全強化法により、国内で消費される食品すべてに HACCP 導入を義務づけています。EU では 2006 年より、規模や業種に関係なく、すべての食品事業者(一次生産者を除く)に対して HACCP 導入を義務づけています。HACCP による衛生管理は日本から輸出する食品にも要件として求められています。

【コラム⑧】　HACCP (Hazard Analysis and Critical Control Point)

　HACCP は、1960 年代の NASA(米国航空宇宙局)における安全な宇宙食を供給する仕組みの開発から生まれた衛生管理の手法です。食品等事業者自らが、原材料入荷から製品出荷に至る工程ごとに、病原微生物や異物混入などの危害要因(ハザード)を分析し、ハザードを除去または低減させるために特に重要な工程を管理し、製品の安全性を確保しようするもので、FAO/WHO 合同食品規格委員会(コーデックス委員会)が策定した国際基準です。

　HACCP の導入はゴールではなく、スタートです。HACCP の手法を活用した製品の安全性・信頼性の向上が重要です。

7.2.2　食品安全に関する民間認証

　食品安全に関係する国の規制には、食品衛生法、HACCP 支援法、FSMA(米国食品安全強化法)、EU 規制などがあります。一方、民間認証には GFSI 認証、ISO 22000、業界 HACCP などがあります。

　「GFSI 認証」とは、GFSI[4]が信頼できるレベルにあると認めている認証制度(GFSI ベンチマーク認証スキーム)を指します。日本で認証取

---

[4]　GFSI(Global Food Safety Initiative)は、TCGF(The Consumer Goods Forum)が運営する非営利組織で、2000 年 5 月に設立されました。TCGF は、70 カ国を超える国から 400 社以上の小売業者、製造業者、食品関連サービス業者などの経営層が集うグローバルな消費財流通業界の組織です。

得数が伸びている FSSC（Food Safety System Certification）は、Foundation FSSC 22000（旧 FFSC）というオランダの食品安全認証財団によるものです（詳細は次項参照）。他にも、グローバル GAP、IFS、BRC、SQF などがあり、そのスキームの所在国、対象、展開地域などに特徴がありますが、どのスキームにも HACCP システムと一般衛生管理を含む前提条件プログラムが含まれています。中国の China HACCP は「技術的同等」という位置づけです。日本でも、一般財団法人食品安全マネジメント協会（JFSM）が 2016 年 1 月に設立され、JFS-C 規格[5]は GFSI 認証を目指しています。

7.2.3　HACCP、ISO 22000、FSSC 22000、JFS-C 規格の概要

HACCP は、上述したように衛生管理の手法です。その運用を MS として管理するのが ISO 22000 です。ISO 22000 はフードチェーンに属する組織を対象とする汎用性のある規格なので、前提条件プログラム（PRP）に関する規格要求が FSSC 22000 や、日本の JFS-C 規格ほど詳細ではありません。それら規格の間にレベル差はありませんが、より詳細な基準が設定されている FSSC 22000 や、日本の JFS-C 規格の認証が食品業界における取引要件として求められる傾向にあります。

そのため、ISO 22000 とともに、FSSC 22000 を認証取得する組織が増えています。FSSC 22000 は図 7.1 の 3 つの規格から成り立っています。

---

[5]　日本の JFS 規格は 3 段階となっています。JFS-C 規格は輸出など国際的取引で通用するレベルとなっており、FSSC 22000 同様の要求事項に JFSM 独自の要求事項が加わっています。JFS-B 規格は食品安全レベルをさらに向上させ、HACCP 確立を目指す事業者が対象で、JFS-A 規格は一般的衛生管理中心で食品安全の基礎を確立したい事業者が対象になります。JFS-C 規格は 2018 年 9 月現在、Ver.2.2 です。JFSM の Web ページで最新版を確認することができます。

```
┌─────────────────────────────────────────────────────────┐
│ ISO 22000：2018                                         │
│ 食品安全 MS                                              │
│ ・2018 年 6 月に発行され、ISO 9001：2015 などと共通構造となりました。│
│ ・フードチェーンすべての組織に適用され、HACCP12 手順が含まれていま│
│   す。                                                   │
│ ・ISO 22000：2005 と比較して、目標管理や供給者管理が厳格化され、OPRP│
│   と HACCP プランの関係性が整理されています。              │
└─────────────────────────────────────────────────────────┘
                            ＋
┌─────────────────────────────────────────────────────────┐
│ ISO/TS 22002-1：2009                                     │
│ 食品安全のための前提条件プログラム                         │
│ 食品製造                                                  │
│ ・ISO 22000：2005 の「7.2 前提条件プログラム(PRP)」の内容を、食品製造│
│   業向けに、具体的かつ詳細に示した規格です。空気の質、清掃・洗浄および│
│   殺菌・消毒プログラム、交差汚染の管理などが含まれます。    │
│ ※ISO/TS 22002-4 は、食品容器包装の製造に関する規格です。   │
└─────────────────────────────────────────────────────────┘
                            ＋
┌─────────────────────────────────────────────────────────┐
│ FSSC 22000：Ver.4.1                                      │
│ 追加要求事項                                              │
│ ・サービスの管理、製品のラベル表示、食品防御、食品偽装の予防、ロゴの使│
│   用、アレルゲンの管理、作業環境モニタリング                │
│ ・製品の処方管理(犬猫用のペットフードのみ)                 │
│ ・水、土壌などの天然資源の管理(畜産、水産業(練物生産)のみ) │
│ が含まれます。また、Ver.4.1 になって新たに「非通知審査」や「クリティカ│
│ ルな不適合」が導入されました。                             │
└─────────────────────────────────────────────────────────┘
```

図 7.1　FSSC 22000 の構成

7.2.4　関連法令

フードチェーン全体に関連する共通の法規制として、食品安全基本法、食品衛生法、食品表示法などがあります。関係法令の概要を**表 7.1**にまとめました。

また、ISO 22000：2018 では、前提条件プログラム(PRPs)(8.2.3)、ハザード分析を可能にする予備段階／一般(8.5.1.1)、トレーサビリティシステム(8.3)、食品安全ハザード(8.5.2.2.1)、許容水準(8.5.2.2.3)、許容

表7.1 関係法令事例（食品関係）

法令	概要
食品安全基本法	食品の安全性確保の基本理念を定めています。例えば、食品関連事業者の責務（第8条）や、食品の安全性確保の施策策定の基本的方針（第11条他）、食品安全委員会の設置などを規定しています。
食品衛生法	・この法律は、「飲食に起因する衛生上の危害」の発生防止を目的にしています。「飲食に起因する」とは、直接摂取する飲食物だけでなく、食器や容器包装に起因するものも含まれます。 ・食品衛生法の規定の詳細または具体的な事項は、政令、省令、告示、都道府県条例などに定められています。また、通達（通知）があります。例えば、「食品等事業者が実施すべき管理運営基準に関する指針（ガイドライン）について」「大量調理施設衛生管理マニュアル」「弁当及びそうざいの衛生規範について」「漬物の衛生規範について」「乳及び乳製品のリステリアの汚染防止等について」「容器包装詰低酸性食品に関するボツリヌス食中毒対策について」などです。
食品表示法	・食品表示制度を一元化するため、「食品衛生法」「JAS法」「健康増進法」の3法の食品表示に関する規定を統合し、見直しを加えたもので、2013年6月28日に公布され、2015年4月1日に施行されました（製造所固有記号に係る規定については2016年4月1日施行です）。 ・食品表示法にもとづく表示事項は、食品表示法第4条にもとづく「食品表示基準」（内閣府令）によって定められています。また、機能性表示制度も新たに定められました。 ・食品表示法（17条〜23条）では、食品表示基準違反（安全性に関する表示、原産地・原料原産地表示の違反）、命令違反などについて罰則を規定しています。例えば、第6条第8項に、「食品表示基準」に従った表示がされていない食品に対する回収、業務停止などが定められていますが、それら命令に違反した者は、3年以下の懲役もしくは300万円以下の罰金に処し、またはこれを併科します（第17条）、法人の場合は3億円以下の罰金刑になります（第22条）。
日本農林規格等に関する法律（註）	「農林物資の規格化等に関する法律」が2017年6月23日に公布されました。「農林水産品・食品の海外展開が課題となる中、食文化や商慣行が異なる海外市場において、その産品・取組に馴染みのない取引相手に対して日本産品の品質や特色、事業者の技術や取組などの『強み』を訴求するには、規格・認証の活用が重要かつ有効です」という意図で、農林水産物・食品の品質だけでなく、それらの生産プロセス、取り扱い方法、試験方法などにも拡大しました。

表7.1 つづき

法令	概要
その他	健康増進法、不正競争防止法、景品表示法、計量法、PL法、米トレーサビリティ法、水道法、牛肉トレーサビリティ法などの他に、毒物及び劇物取締法(化学物質管理に関係します)や、廃棄物の処理及び清掃に関する法律(廃棄物管理に関係します)などがあります。

注1) JAS法：JAS規格の対象が「モノ」以外に拡大することを踏まえ、改称されたものです。

限界・処置基準(8.5.2.4.2)などで、適用される法令・規制／顧客要求事項の特定を求めています。さらに、原料、材料、製品に接触する材料の特性(8.5.1.2)、最終製品の特性(8.5.1.3)では、法令・規制・食品安全要求事項の特定を、実際の緊急事態、事件に対応する法令・規制要求事項の特定(8.4.2)も求められています。そして、適切な表示は、ISO/TS 22002-1の箇条17「製品情報及び消費者の認識」、FSSC 22000の2.1.4.2「製品のラベル表示」においても求められています。

7.3　内部監査のポイント

7.3.1　内部監査の目的

内部監査は、食品安全MSが、「①組織自体が規定した要求事項に適合しているか、②規格要求事項に適合しているか、③有効に実施され、維持されているか」に関する情報を提供するために実施します(F9.2.1)[6]。また、「食品安全方針の意図(F5.2)、食品安全MSの目的や目標(F6.2)にシステムが適合しているか」も監査します(F9.2.2)。

ISO 22000：2018の規格要求事項では、内部監査はパフォーマンス

---

6) （　）は関連する規格要求事項で、以下では「ISO 22000：2018＝F」「ISO/TS 22002-1：2009＝TS」「FSSC 22000 Ver.4.1 追加要求事項＝追」のように略しています。

評価(箇条9)に含まれます。検証活動、分析・評価、食品安全MSの更新、マネジメントレビューの関係を図7.2にまとめました。

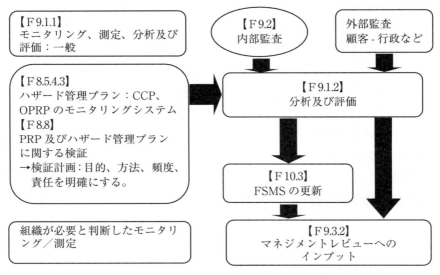

図7.2 検証活動、分析・評価、食品安全MSの更新、マネジメントレビューの関係

　読者の皆さんの組織では、トップマネジメント(経営者／経営層)は内部監査に何を期待していますか。また、内部監査に対する評価はいかがでしょうか。
　内部監査の機会を活かして、経営課題における懸案事項や目標管理、リスクおよび機械クレームや工程内不適合の状況、HACCPプランやOPRPの運用、PRP実施状況、変更点管理、食品防御の状況など、ニーズに応じた重点項目を設けて実施するとよいでしょう。

7.3.2　内部監査のアウトプット

　FSSC 22000 Ver.4.1の審査では、不適合が3段階(軽微な不適合、重大な不適合、クリティカルな不適合)となり、改善の機会(適合している

が改善の余地のある点)の使用は禁止されました。

内部監査の目的が明確でないと、結論もぼやけてしまいます。例えば、「不適合は6件でした」というのは結果の1つにすぎません。6件を多いとみるか、少ないとみるか、内部監査の目的によって評価も変わります。また、「前年度に比較してどうか」「指摘される項番の傾向はどうか(例：教育訓練に関する指摘が多い)」「部署や工場
間で比較したときの特徴はないか(例：A工場に比較してB工場はPRPが弱い)」「HACCPプランの運用はよくできていた」「ハザード分析が甘い」など、切り口によっていろいろな側面が見えてきます。

7.3.3 内部監査員

そもそも、内部監査員に力量がないと良い内部監査ができません。そのため、内部監査員資格の定義が重要になります。内部監査員に対して力量テストを実施したり、内部監査終了後、被査部署が内部監査員に対して評価を行うなど、お互いに育て合う、内部ならではの工夫をするとよいと思います。また、一部の人だけの参加ではなく、内部監査を教育訓練の場、内部コミュニケーションの場として活用すると、内部監査のアウトプットがさらに豊かになるかもしれません。

7.3.4 内部監査のシナリオをつくる(チェックリストの骨組み)

内部監査を年中行事として実施すべきことなら、内部監査という仕組みを有効に利用したほうがよいと思いませんか。食品安全(ISO 22000)の規格は要求事項が多いので、効率良く内部監査を行う工夫も必要だと思います。

効率良く、有効に内部監査を行うためには内部監査のシナリオ作り(＝チェックリスト)が大事です。また、状況に応じて、事前に描いたシ

ナリオを臨機応変に変更することも大事になるので、内部監査をする前には複数のプランを想定しておくとよいと思います。ISO 22000 には「法令・規制要求事項」が規格要求事項のなかに複数出てくるので、事前準備にこのような知識を得ておくことも大事です。

■内部監査のシナリオ（変更点に着目したチェックリスト例）
① まず初めに、全体概要を最初に把握します（表7.2）。
② 例えば、設備の導入、変更の情報を得たら、「次に何を確認すべきかどうか」についてあらかじめリスト化しておくとよいです（表7.3）。

表7.2 全体概要の把握

何を把握するか。	留意点
●前回内部監査以降の変更点（施設・設備、製品、原料、包材、人事異動、手順など） ●前回指摘事項への対応状況 ●目標達成状況（達成状況の良い・悪い事項とその理由） ●是正処置事例など	●内部監査の目的や重点項目を確認する。 ●確認事項は優先順位をつけておく。 ●監査中、気になること、確認すべきことはメモして、後から確認する。 ●現場審査の時間帯を決めておく。 ●規格要求事項のつながりに注意する。 ●関連する法的要求事項を調べておく。

7.3.5 現場監査

　文書、記録、インタビューで得た情報をもとに現場監査します。フローダイアグラム、HACCPプラン、OPRP、ゾーニング図、動線図、筆記具などの他に、カメラを持参することをお勧めします。異物混入防止対策として、製造現場に何をいくつ持ち込むか、事前に申告し、現場監査後はすべて持ち帰ったことを確認します。また、現場、現物、現象

表 7.3 設備の導入、変更があった場合の確認事項(例)

確認すべきこと(例)	項番
● フローダイアグラムに変更はないか。 ● (変更があれば)フローダイアグラムの正確さを現場確認によって検証した記録はあるか。 ● ハザード分析を行ったか、その結果はどうか。 ● 管理手段および管理手段の組合せの妥当性確認はされているか。 ● ハザード管理プラン(HACCPプラン/OPRPプラン)に変更はないか。	F8.5.1.5 F8.5.2 F8.5.3 F8.5.4
もし、HACCPプランの内容に変更があったら…… 　● 承認者は、責任・権限と照らし合わせて妥当か。 　● 管理手段は妥当か。 　● 許容限界の設定、根拠は適切か。	F8.5.4 F7.5.3 F8.6
● 新規設備、設備変更に関連した手順変更はあるか。 ● 教育訓練は実施しているか。力量評価はどうか。 ● 保守された装置を製造に戻す手順、使用前点検はどうか。	F8.2.4 F7.2 TS5、8
● 外部業者への要求事項は特定され、十分に伝達されたか。 ● 設備のコンベアなど、製品に接触する材料は安全なものか。 ● その安全性をどのように確認しているか。 ● 関連する食品安全の法令・規制要求事項は何か。	F7.1.6 追2.1.4.1 F8.5.1.2
● 生産システムや装置、製造施設などの変更は、タイムリーに食品安全チームに伝えられているか(製品、原料、材料、サービス、清掃・洗浄、殺菌・消毒プログラム、法令・規制要求事項、外部の利害関係者からの引合いなどの変更点管理、内部コミュニケーション状況を確認する)。	F7.4.3
● 関連した資源の投与はあるか。 ● 外部及び内部の課題の変化、システムのパフォーマンス及び有効性の情報は、マネジメントレビューのインプット情報として報告されているか。	F7.1.3 F9.1.2 F9.3.2

の確認範囲として大きく3つ「①製造現場(受入〜出荷まで)」「②建屋外(敷地境界線、貯水槽、原料タンク、バルク製品の受入口、ボイラー、コンプレッサーなど)」「③建屋内(食堂、更衣室、トイレ、作業服管理、試験室など)」があります。食品防御、食品偽装の予防といった視点からも確認します。ここで、現場で確認すべきことの事例を表7.4に列記しました。

内部監査で一緒に改善！

表7.4 現場監査での確認事項

確認すべきこと(例)	項番
フローダイアグラムには以下が含まれているか、また、ハザード分析につなげられているか、現場で確認する。 ● 作業における段階の順序、相互関係 ● 原料、材料、加工助剤、包材、ユーティリティ、中間製品が入る箇所 ● 再加工、再利用が行われる箇所 ● 最終製品、中間製品、副産物、廃棄物をリリースする箇所 ● アウトソースした工程 現場では、例えば、中間製品の保管状況、トレーサビリティ、廃棄物管理など、関連事項について確認する。	F8.5.1.5 F8.3 TS9.3 TS10 TS5.7 TS7 など
● HACCPプラン、OPRPには必要事項が記載されていて、定めたとおりに運用されているか。 ● CCPにおける許容限界、OPRPの処置基準が満たされなかった事例はあるか。 ● 修正処置、是正処置は適切か。 ● 安全でない製品の取扱いはどのように行ったか。	F8.5.4 F8.6 F8.7 F7.2 F8.9.2 F8.9.3 F8.9.4
● 食品に接触する設備は、清掃・洗浄、消毒、保守が容易か。 ● 耐久性のある材質か。 ● 例えば、穴またはナットおよびボルトによって貫通していない骨組みになっているか。(貫通している骨組みなら)該当箇所の清掃、洗浄、殺菌、消毒はどのように行っているか。 ● 製品接触表面は、食品に使用するために設計された材質で、不浸透性で、錆、または腐食しないものか。 ● 保守はどのように行うか。	TS8.1 TS8.2 TS8.3 TS8.6 TS11
● 清掃・洗浄、殺菌・消毒の手順書には、清掃・洗浄/殺菌・消毒の方法および頻度、モニタリングおよび検証手順、清掃・洗浄後の点検、開始前の点検などが含まれているか。 ● 検証手順を確認したら、検証結果も確認する。	TS11.3

現場監査を一通り終えたら、内部監査会場(会議室など)に戻って、現場で得た情報、気づいた点、不適合候補、確認すべき事項などを伝え、監査側と被監査側で情報を共有します。また、関連文書、記録などを必要に応じて確認します。

7.3.6 食品安全マネジメントシステムに特有なものの例
（1） 検証活動

　検証プランやその評価の適切性も確認します。例えば、「PRP が実施され、効果的であるか」に対し、文書や記録だけでなく、現場確認も含めた検証プランが必要だと思います。PRP は ISO/TS 22002-1、FSSC 22000 追加要求事項も関係します。また、PRP は有効だという評価をしていたら、その根拠も確認します。例えば、洗浄後の拭き取り検査結果の逸脱が増加傾向にあったら、PRP は有効とはいえないでしょう。

　食品安全パトロールのような活動を検証活動の1つに位置づけるなど、従来から実施していることをうまく活用しているかも確認します。検証活動について表 7.5 に整理しました。

表 7.5　検証活動

確認すべきこと（例）	項番
● 検証活動の目的、方法、頻度、責任が明確になっているか。	F8.8.1
― 検証結果は記録され、周知されているか。	F8.8.2
― 検証活動の結果の分析は、パフォーマンス評価へのインプット情報となっているか。	F9.1.2 F9.3
● 分析結果と結果に対する活動は記録されているか。	F10.2
● マネジメントレビューおよび食品安全 MS の更新へのインプット情報として使用されているか。	F10.3

（2）　最終製品の「許容水準」、工程上の「処置基準」

　最終製品の許容水準を確保するために、工程上で管理するための許容限界、処置基準を設定します。許容水準、許容限界、処置基準の根拠はそれぞれ明確にする必要があります。また、測定可能な許容限界、測定可能または観察可能な処置基準でなければなりません。これらについて表 7.6 にまとめました。

表7.6 許容水準、許容限界と処置基準（食品）

最終製品	工程	項番
【許容水準】最終製品の食品安全ハザードの許容できる基準 →許容水準は、製品仕様書などに、製品の規格基準として位置づけられていることが多いです。	【許容限界】CCPのモニタリング実施時に合格/不合格（許容可能/許容不可能）を判断する工程上の基準 【処置基準】OPRPのモニタリング実施時に合格/不合格（許容可能/許容不可能）を判断する工程上の基準	F8.5.2.2.3 F8.5.2.4.2 F8.5.4

（3）　食品防御（追2.1.4.3）、食品偽装の予防（追2.1.4.4）

「防御や偽装について、どのようなことが想定されるか」を特定したうえで、「現在の管理で足りているのかどうか」を検討し、もし新たな管理手段が必要なら、優先順位を決めて計画を立てて取り組みます。このとき、「どのようなタイミングで見直し、どのように報告するか」について明確な仕組みが必要です。

7.4　ベストプラクティスの例

例えば、「HACCPプランに書かれている殺菌温度と時間に関連して何を確認するのか」「製品が暴露された状態の天井に結露と錆が見えたら、その状況について現場で何をインタビューするのか」について食品安全の観点から工夫することで、内部の監査だからこそ検出できる課題があるはずです。

不適合が検出されたら、不適合に対する修正処置、原因に対する是正処置、是正処置の有効性確認（同様の不適合が再発していないことの確認）まできっちり行うことが重要です。このとき、水平展開したいような事項や、効果のある取組みなどは高く評価できることとして挙げましょう。

内部監査のやり方についての工夫例を表7.7にまとめました。

表7.7　内部監査方法の工夫(例)

No.	工夫点	コメント
1	チェックリストを事前に被監査部署に渡して、自己チェックしてもらう。得た回答をもとに内部監査を行う。	被監査部署で自己確認できる。効率面でもよい。
2	内部監査も抜き打ちで実施し、日常の運用を確認する。	FSSC 22000 Ver4.1は非通知審査が設定されている。
3	工場が複数ある場合は、工場間監査を行う。	監査側、被監査側で新たな発見、標準化、水平展開が期待できる。
4	最初に内部監査の目的を共有し、最後に目的に対する結果報告を明確にする。	内部監査を改善に役立つツールとして活用してほしい。
5	「あれ？？」と感じたことはとにかくメモしておく。検出した指摘事項(候補)に対応する規格要求事項の項番をつける。	内部監査員の力量向上、規格要求事項の理解促進に寄与する。

7.5　食品工場での失敗事例

7.5.1　生産管理の失敗は会社倒産の危機

　ただ単に「食品安全MSを導入し製品をつくっていれば、経営が安定し業績が伸びる」と考えていたら大きな間違いです。システムや規格の意図を理解し活用することで「安心・安全でお客様に喜んでいただく食品づくり」を真に行い、「適切な利益を得る」ことこそが、社会の要求に応え、発展する食品会社の経営となるのです。

　重要なことは、内部監査・マネジメントレビューなどの監視機能を有効に機能させ「事業の重大ミスを未然に防ぐ改善を推進する」という認識をぜひとも社内に徹底してもらうことです。システムやプロセスの運用に失敗すれば食品回収事故発生にもつながり組織への大きな打撃となります。

2014年度(2014年4月1日～2015年3月31日)「食品自主回収品目別原因別件数」によると、食品自主回収が1,014件発生しています(**表7.8**)。菓子類が293件と一番多く、調理食品171件、加工魚類102件、麺・パン類60件などが続きます。

表7.8　回収件数の推移

2009年	2010年	2011年	2012年	2013年	2014年
707件	709件	943件	920件	932件	1014件

出典）　農林水産商品安全技術センター：「食品の自主回収情報」(http://www.famic.go.jp/syokuhin/jigyousya/hinmokubetu.pdf)（アクセス日：2018/8/21）

最近、宅配業者の「法人向け／食品自主回収の回収代行」業務についての広告が掲載されていました。その内容は、「①リコール業務のすべてを代行」「②回収状況をトレース可能」「③全国を最短日数で一斉回収」というものです。回収発生時の大変さは一言では言い表せませんが、「それを代行で」というのも「いかにリコール作業が大変で、ビジネスとして成り立つほど件数が多いのか」を示しています。

7.5.2　食品会社におけるシステム運用の失敗事例

堅調な経営基盤を築いたとしても、一つの失敗によって社会からの信頼を失い、すべてを崩壊させてしまう危険をはらんでいるのが、食品に携わる仕事の宿命です。

食品会社における失敗事例から、規格が求める要求事項の意味を理解したうえで管理システムの構築、そして内部監査のチェックリスト作成、マネジメントレビューの活用、改善活動の展開を行う参考としてもらえることを願って、筆者(富井)自身が審査を通して経験した事例を以下に紹介します。

（1） アレルゲン管理の失敗による交差汚染

　ラインの洗浄不足でアレルゲンが混入したり、計量工程の計量スペースや計量器具などの管理不足で交差汚染が発生するなどアレルゲン管理の失敗による製品事故が頻繁に発生しています。

　乳・卵を配合している製品の生産後に乳を含まない製品を同じラインで生産したことによるコンタミネーションは、「生産製品の順番に対する考慮や洗浄の徹底など十分認識されている」という先入観によって発生することもあります。例えば、大手肉製品メーカーでもライン洗浄不備によるコンタミネーションが発生して製品回収を実施している事例があります。このような事例に発展させないためにも、内部監査で製品生産順番の妥当性や設備の洗浄方法の妥当性をチェックリストに入れて検証することが重要となります。

（2） 加熱食品にありがちな雑菌の二次汚染

　「自社製品は、加熱殺菌工程を設置した生産ラインに HACCP システムを導入して管理しているから微生物管理は確実だ」と思っていた組織の自信の根拠は「包装工程前」におけるライン設計の適切性の問題によって崩れました。加熱殺菌後、包装工程前までは確実にカバーで覆われ、包装から梱包に向かうラインも確実なカバーが設置されていながら、包装前工程では製品が暴露し空気に接触していたのです。さらに、その工程の横には梱包用の段ボールが大量に持ち込まれており、段ボールからの交差汚染に対する認識の甘さが浮き彫りとなりました。このような状況では、保健所の収去検査などにより、製品における大腸菌群の異常を指摘・公表される可能性もあります。そうなってしまうと、大腸菌群と大腸菌の違いを知らない一般の人々は、「製品が糞便由来の大腸菌で汚染されていた」と受け止める可能性が大なので、当該食品メーカーへのダメージは計り知れないものとなります[7]。

（3） アウトソース先の管理不足による自社ブランドへのダメージ

　最近のPB製品には、製造元を販売先と併記することが、ほとんど常識となっています。それは何を意味するのでしょうか。

　販売者は、アウトソース先の製品が食品事故を起こした場合、当然一緒に社会的責任を問われます。ここで、問題になるのが、長年、事業を委託してきた供給先に対して（両社の取引や力関係から）明確な監視や指導を行わなかった場合です。「明確で確実な対応を供給先（製造元）に求めると、相手が「厳しすぎる」と捉えるのではないか」と考え、ある販売元は製造元のアレルゲン管理体制に不安を抱きながらも、管理の改善を事実上求めませんでした。その結果、洗浄不足でアレルゲンの交差汚染事件が発生しました。このような事態を避けるためにも、企業として一緒に発展するためには「厳しいこと」も率直にコミュニケーションし、理解と協力を求めることが重要なのです。

（4） 加工現場の工事

　多くの組織が、設備の保守点検や修理を外注しています。重要なことは、設備業者の従業員にも「食品製造に関わっている」という認識を共有してもらうことです。

　ある組織では、Aラインが稼働し生産が行われている現場から少し離れているDラインで解体工事を行っている事例がありました。解体作業は、Aライン稼働終了後、部分的に毎日継続していましたが、解体現場は、埃汚染対策のため囲われることもなく、作業者に衛生教育をした記録もありませんでした。さらに「解体作業者が食品加工現場に立ち入る場合、清浄な靴へ履き替えが必須である」という常識さえも実行されていませんでした。

---

7) 詳細は福井県：「組織一覧＞食品加工研究所」「Q&A　大腸菌と大腸菌群は違うのですか？」(http://www.pref.fukui.lg.jp/doc/shokuken/qa12.html)を参考にしてください。

（5） 原料の賞味期限と社内基準の優先順位

　原料の使用期限を賞味期限の80％以内と決め、保管原料には組織の使用期限が明確に記載されたラベルを添付するという管理が行われていました。しかし、原料在庫の管理ミスで、ある日の使用分不足がその当日に判明しました。このとき、原料供給元の保証期限内ではあるものの、社内基準に満たない在庫が存在していたことから現場担当者は使用可と判断してパート従業員に社内基準に満たない原料の使用を指示しました。そして、このパート従業員は帰宅後、友人にこの事実を話し、結果としてこれが顧客の耳に入り「質問」という形でクレームになりました。社内ルールの意味とその厳守に対する現場担当者および組織の認識が徹底されていないために起きた事例でした。

（6） 組織ブランドが付いたままの製品の廃棄

　ある組織の審査で、6パレットの製品らしきものが施設の隅に保管されていることに気づきました。不適合製品と表示されているわけでもなく、本来製品なら置くはずのない場所にあったので中身を確認したところ、加熱不足で出荷止めした製品でした。この製品の処置を責任者に尋ねたところ、委託している廃棄業者に「このまま渡す」という話でした。さらに、個別包装されており、組織のブランドが付いたままの形で、組織の係員は業者の破壊に立ち会う予定もないとのことでした。これは、食品廃棄物の大量横流し事件の教訓が生きていない事例といえます。

（7） 食品防御と食品表示の管理システムの構築

① 食品防御

　FSSC（ISO/TS 22002-1）規格のVer.4.1追加要求事項では、汚染につながる意図的な悪意のあるすべての攻撃（イデオロギー的に動機づけられたことを含む）から食品の安全を確実にするためのプロセス構築を求

めています。なんとも難しい時代になったと痛感しますが、社内従業員が意図的に引き起こした事例もありました。

こうした失敗事例の多くは、労務管理のまずさ、コミュニケーション不足に由来することが多いようです。従業員が会社に不満をもつ原因は多々ありますが、人事考課への不満、人間関係の不満などに対応する内部コミュニケーションシステムを構築する必要があります。

② 食品表示と実態のずれ

健康被害に直結することで最も注意を要するのは「表示」です。意図的な偽装は犯罪行為ですが、設計・開発時の原料成分の確認不備によるアレルゲン混入、ライン洗浄不足によるアレルゲン交差汚染など、意図的ではありませんが結果として「偽装表示」と同じことが引き起こされると、健康被害が発生します。

この表示と実態のずれは、製品回収はもちろん、死亡事故にもつながりかねません。現実に事故も多く発生しています。絶対にあってはならないことの一つです。

(8) 飛翔虫対策の失敗

顧客による現場視察時にハエが加工場内を飛んでいたために、新規取引が不成立であったという組織から、従業員に「活」を入れるセミナーの依頼が筆者にありました。

セミナー前に現場を検証した際、加工施設内での飛翔虫捕獲対策は一生懸命でしたが、共用通路にあった椅子の下にはゴキブリの死骸があり、工場周りの排水設備にはハエが飛び交い、配管の亀裂から廃液が流れているという状況でした。飛翔虫は加工現場から離れていても飛んできます。従業員対策の前に、管理者の工場全体の清浄環境に対する意識改革が必要なのは明らかで、筆者も依頼者にそのように伝えた事例です。

（9）「顧客要求事項だから」と菌数管理に自信がないのに賞味期限内の菌数を保証

　ある組織では、大腸菌群や一般生菌数の基準について、無理な賞味期限保証をしていました。筆者がその意図を問うと、「顧客要求なので仕方ない」という回答で、妥当性確認の検証記録はなく、「自信はない」とのことでした。このような考え方では、問題発生時、企業としての説明責任が果たせないことは明白です。

（10）「重いシステムは運用に失敗する」

　システム構築はシンプルイズベストです。システムが重くなる代表的な2つの例を紹介します。

　① 「外部審査員が観察事項で指摘したから」という理由だけで、自社への必要性を考えずシステムを付加していく。

　　システムを付加するときは、食品安全チーム会議などの内部コミュニケーションを活用し、「本当に必要なのか」「現場で実行できるのか」など意見の集約が必要です。「外部審査員から指摘を受けたくない」という防御姿勢から仕組みを重くしている例もあります。

　② 食品安心・安全を意識するあまり「安心賃」を取り過ぎる。

　　製品により管理手段・管理基準はさまざまであり、手段・基準の妥当性確認を確実に行い、自社製品に適切な基準を確実に運用することが必要です。過剰なシステムは効率を下げ、コスト高につながります。必要以上に重い仕組みは結局のところ運用しきれず、社内基準違反のもとになります。

【コラム⑨】　本来の事業プロセスと ISO のマネジメントシステムの一体化

　ISO の MS はその要求事項の業務プロセスへの統合を強くうたっています。今度こそ ISO の MS を業務のプロセスと一体化して、自然体で

運用するよい機会です。

　未だに多くの組織では、毎年1回の外部審査の時期にしかISOを意識していないのも一つの実態です。経営者自身が業務改革あるいは業務プロセスの改善などを明確に示し、本来業務をより効果的に進めるためには、ISOを戦略的に本来業務のなかで活かしていくことを、明確に示す必要があります。しかし、残念なことに、経営者がISOのMSに取り組むことの意義や意味を十分理解しているケースは多いとはいえないと筆者は感じています。ISOのMSの要求事項を業務プロセスへ統合する場合、対応には幅ができるでしょうし、「一気にではなく段階的に」というアプローチもあると思います。

　まずは、組織の築いた業務プロセスのなかで、例えば、QMS、EMSの課題が自然体で行われることが望まれます。初歩的な取組みとして、文書、記録、会議体などの整理・統合から始めてもよいと思います。また、ISOのMSで得た各種情報や成果を本来の業務プロセスのなかで活用することが大切です。例えば、法令などを順守している状況を法務や広報部門で活用することなどです。

　さらに、組織本来の業務プロセスにも改善すべき点があるはずです。このためにISOのMSの枠組みや狙い、要求事項、その背景にある仕事の仕方などを積極的に取り入れることも業務プロセスへの統合とも捉えてよいのではないでしょうか。以心伝心や従業員のノウハウに頼る業務プロセスには限界があるので、作業の標準化や見える化推進が今後ますます重要になるはずです。

　経営者の関心はなんといっても適正利益の継続的な確保が優先ですから、従来の業務プロセスにISOのMSの要求事項が取り入れられ、利益につながる経営課題の達成度が高まったり、事業の足を引っ張りかねないリスクの予防が確実度を増したり、同じ失敗を繰り返さないといった結果が実感できるようになればISOのMSの有効性を実感してもらえると思います。

第8章
IATF 16949内部監査の実践的なポイント

8.1 自動車産業品質マネジメントシステムが必要な背景

　IATF 16949 は、欧米の自動車メーカー9社[1]がメンバーであるIATF(International Automotive Task Force)という組織が作成した自動車産業部品の供給者に対する QMS 要求事項の規格です。現行の ISO 9001 を基礎として、自動車メーカーが受け取る部品製造のマネジメントシステム(以下、MS)について、必須である要求事項が、それぞれの条項に追加されて示されています。

　これらの項目の目的は、①不具合の予防、②製造をはじめとする全プロセスのばらつきとムダを低減することです。不具合予防で最も重視されているのが安全性の確保です。規格ではこれらがサプライチェーン全体に徹底されることが目指されています。

　IATF 16949 への認証制度も、IATF が主導して実施しており、IATF メンバーの9社は、部品供給者に、IATF 16949 の認証取得を要求しています。これら自動車メーカーへ部品を直接納入する組織(Tier-1 という)は IATF 16949 による QMS とその認証取得が必須となります。Tier-1 および、さらに下流の Tier-2 以下の組織へ部品を納入する組織は、直接顧客が IATF 認証を要求する場合は、この運用と認

---

[1] IATF 9社の自動車メーカーは以下のとおりです。
　　General Motors, Ford Motor, FCA US LCC, FCA Italy Spa, Daimler AG, Volkswagen AG, Renault, PSA Group, BMW Group.

証取得が必要となります。なお、上記の表現のなかで、商社を経由しての納入は直接取引として考えなければなりません。

　IATF 16949 の認証は、自動車産業用部品製造事業所に限られています。同一組織による製造を支援するプロセス・活動については遠隔地にあっても、これらを含めなければなりません。特に製品設計については、組織が設計責任を有する場合は、内部でも場合により委託先でもこれを認証範囲に含めなければなりません。

　日本の自動車メーカーは IATF のメンバーとはなっていません、しかし、IATF 16949：2016 の前身である ISO 9001：2000 を基礎とする ISO/TS 16949：2002 を制定する際には、日本自動車工業会（JAMA）が協力しており、かなりの程度で、日本で育くまれた品質マネジメントや TQM の考え方も反映されているといえます。

　IATF 16949 による自動車産業 QMS は、全世界での標準となってきており、たとえ直接 IATF 9 社向けのサプライチェーンに属していないとしても無視できないものといえます。また、自動車部品を製造していれば認証取得をすることも可能です。

　これらの QMS 要求内容は、自動車産業のみでなくほとんどの製造業にも適用可能で有効な内容ですから、これらを参考にして QMS に取り込むことは可能です。しかし、認証取得はできません。

8.2　顧客固有要求事項（CSR）

　IATF 16949 では、顧客が誰かが非常に重要です。顧客は特定されなければなりません。製品仕様や製品固有の要求事項のみでなく、QMS としてのシステムに関することで、IATF 16949 要求事項にさらに追加して、各メーカーの供給者に対する顧客固有要求事項（CSR：Customer Specific Requirement）がいろいろな形で提示される場合があります。これを CSR とよんでいます。

IATF 9社の場合は、IATFのWebページ[2]上に示されているものがあります。冊子として提供されている場合もあります。また、多くの場合、顧客のWebにさらなる詳細の要求が示されています。IATF条項(4.3.2)として、このCSRをMSに組み込んで運用することが要求されています。IATFの監査では、このCSRへの適合性確認が重視されており、また内部監査でも、同じくこの自己確認が重要です。「どのようにして必要な個別要求事項を認識するのか」「それらを遵守するための仕組みがどのように構築されているのか」「実際にそれが運用されているか」を確認する必要があります。

　製品別では、重要保安部品などの場合は特に必要な寸法規格や特性が指定されています。これらを特殊特性とよんでいます。また、場合により使用材料の規定がある場合があります。「これらの要求内容への適合がQMSとしてどのように管理されているか」を確認することが重要です。関連する法令等の要求事項は、ほぼ顧客からの図面および仕様書に反映されて明確にされています。

8.3　監査の主な目のつけどころ

8.3.1　何のための監査か

　IATF 16949でも、内部監査は非常に重要視されています。QMSの有効性について、自己責任として自ら検証することが求められています。実行者が、常に自己確認しながら業務を遂行することに加えて、システムとして、実行者でない監査員により客観的に系統的に監査を行うことが内部監査となります。規格では内部監査のアウトプットとして、有効な所見事項が抽出されて、それに対して必要な処置を行うことによ

---

[2]　International Automotive Task Force：Customer Specific Requirements(http://www.iatfglobaloversight.org/oem.requirement/customer-specific-requirements)（アクセス日：2018/8/21）

り、システムとしての継続的改善が行われていくことが望まれています。

内部監査の結果は、マネジメントレビューへインプットされて確認されます。組織としてのMSの有効性の説明責任のための重要な根拠となるものです。形骸化した内部監査は、この目的をかなえることはできません。

8.3.2　IATFで特徴的な内部監査への要求事項

IATFでは、①品質MS監査、②製造工程監査、③製品監査の3つのカテゴリーの内部監査が行われます。これらについて、以下に解説しています。①については主に(1)〜(5)、②については(6)、③については(7)で解説しました。

(1)　プロセスアプローチによる監査

システム監査ではプロセスアプローチによる監査が要求され、組織が決めたプロセス単位で監査が行われます。このとき、あくまでも部署単位ではなくプロセス単位であることに注意しながら、システム監査を計画する必要があります。

監査では適合性および有効性の確認が行われます。規格条項への適合性は、漏れなく確認される必要がありますが、プロセスの運用とそのパフォーマンス結果とその傾向を確認するなかで確認されることになります。この前提として、プロセス定義と複数プロセスのつながりおよび相互の関係、プロセスのパフォーマンスとしての有効性および効率の判断指標と品質目標と関連した達成目標が明確にされている必要があります。有効性はこれら指標の達成度合いとなります。

■プロセス定義と相互関係＝プロセスマップ

「QMS全体が、どのようなプロセスにより構成されるのか」を、組

織活動全般にわたり、製品実現プロセスに重点を置いて、決定する必要があります。また、アウトソースしているプロセスについても合せて明確に示される必要があります。プロセスの構成は、組織の実態に合わせて、適切にそれぞれに決められます。このとき、これらを表現する一つの方法にプロセスマップがあります（図 8.1）。

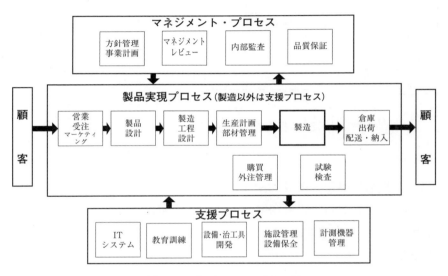

図 8.1　プロセスマップの一例

■プロセス定義の一例：タートル図

個々のプロセスはインプットにもとづいて活動することでアウトプットを出すことが目的です。このために必要な要素と、活動の成果評価指標（パフォーマンス指標）を明確にします。これらを表現する例としてタートル図があります（図 8.2）。詳細は他書[3],[4]を参照してください。

---

3) 長谷川武英、西脇孝：『IATF16949 自動車セクター規格の全て』、日刊工業新聞社、2017 年
4) 廣瀬春樹、安藤黎二郎、須田晋介、清水昌明：『実践プロセスアプローチタートルチャートの活用』、日科技連出版社、2017 年

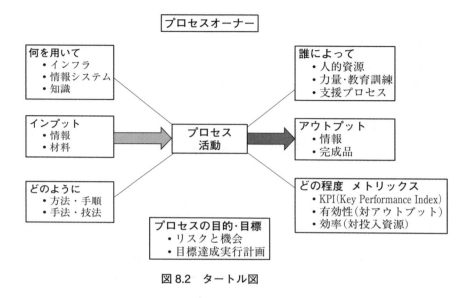

図8.2　タートル図

（2）　顧客固有要求事項（CSR）

顧客固有要求事項（CSR）が必要とされる事項についてQMSに組み込まれ、適合して運用されていることを確認する作業がプロセス審査のなかで要求されます。

（3）　優先度づけによる監査プログラム

特定されたリスク、パフォーマンスの結果と傾向、変化の状況、内部・外部の不具合発生状況、特に顧客苦情や顧客に迷惑をかける可能性などにより監査でフォーカスするポイントを明確にすることが望まれています。

（4）　パフォーマンスの確認

監査ではプロセスのパフォーマンスの確認に焦点を当てることが重要です。具体的には、「目標達成のためにどのような活動がなされたのか」「達成なら良かった点はどこなのか」「未達成ならば、どのような是正処

置が計画され実施されているのか」について筋道を確認することが必要です。

(5) 内部監査員の力量の要件

有効な内部監査を行うために、能力が十分な内部監査員が監査にかかわることは非常に重要です。IATFでは、これについて詳細な要求事項を規定(7.2.3)しています。そのため、これに適合した監査員を確保・維持して、監査を計画して実行しなければなりません。IATF要求事項およびCSRの理解、必要とされている管理技法(コアツールとよばれている)への理解が要求されています。また、監査員資格を認定されリストアップされた監査員も、規格やCSRの改訂などの変化に伴って、常に力量を維持しレベルアップすることが必要です。また、組織としては、これらを確実にする体制が必要になります。

■コアツール：IATFに必須の管理手法

顧客が要求していなくても、以下の①②③はIATFのQMSでは必ず運用されなければなりません。この場合、米国AIAG(Automotive Industry Action Group)発行のコアツールマニュアル[5],[6]に準拠することが一般的です。欧州メーカーの場合、CSRとしてドイツのVDA規格[7]が要求される場合があります。

① FMEA(Failure Mode and Effect Analysis、故障モード影響解析)：起こり得る不具合(リスク)を網羅して、この防止の管理について解析する手法。製品設計責任を有する組織にはD(設

---

5) Plexus JAPAN：「IATF16949 書籍」(http://www.plexus.jp/books/index.html)(アクセス日：2018/8/21)
6) 沖本一宏：『ISO/TS プロセスアプローチ内部監査のノウハウ』「第6章　コアツールの概要」、日科技連出版社、2006年
7) 中部産業連盟：「『VDA シリーズ規格』日本語版」(http://www.chusanren.or.jp/iso/01_03.html)(アクセス日：2018/8/21)

計)-FMEA が、また、すべての製造プロセスについて P(工程)-FMEA が要求されます(P-FMEA については 8.4.3 項を参照)。

② SPC(Statistical Process Control、統計的工程管理):製造工程を安定に管理されている状態を維持する手法。通常的に安定的に存在するばらつきの原因(共通原因という)のみによる分布を示す安定状態を維持させます。非定常な変動要因(特別原因という)による統計的不安定を検出してその要因を取り除く管理を行います。一般的にデータについて「管理図」(X-R チャートなど)を用います。仕様として許容されるばらつきのレンジを分子として、実際の工程のアウトプットデータのばらつき(6σ)を分母とした比率を工程性能指標(P_p)といいます。実際的には P_{pk} という工程平均値と仕様限界のギャップの短いほうとデータばらつき(3σ)の比が重要です。ばらつきが正規分布の場合 1.66 以上(不良発生は 1ppm 以下)が目標で、少なくとも 1.33 以上(不良発生は 63ppm 以下)が要求されています。そのため、そのようになるような工程設計が目標とされています。

③ MSA(Measurement Systems Analysis、測定システム解析):工程管理における測定値が信頼できるものであることが証明されなければなりません。識別能があり、変動が小さいことが必要です。MSA はこのための統計的な手法です。計量データについては「ゲージ R&R」という指標、計数データに対しては「クロスタブ法」などが代表的な手法です。

以下の④、⑤は、米国ビッグ 3 が要求しているコアツールです。

④ APQP(Advance Product Quality Planning、新製品開発計画):新製品の企画・製品設計・工程設計・先行生産・量産の各段階のインプットおよびアウトプットを規定しています。AIAG 発行のマニュアルでは、コントロールプランの標準書式が示されています。

⑤　PPAP（Production Part Approval Process、生産部品承認プロセス）：先行生産（量産試作）の結果としての顧客に対する量産開始承認申請の手順で、申請書（PSW）に示す文書情報、データ、サンプルなどの内容が決められています。米国ビッグ3の場合、AIAG発行のこのマニュアルが適用され、さらにメーカー独自の追加要求が示されています。

（6）　製造工程監査

　製造プロセスについて、監査するべき工程を定義して、工程の稼働・運用について、3暦年ですべての工程の監査が要求されています。製造がシフトによる交替勤務で行われている場合は、サンプリングによるすべてのシフトでの監査が要求されています。関連するP-FMEAおよびコントロールプランと、関連する図書である作業標準書や決められた工程記録などが適切に運用されていることを、詳細に現場監査されなければなりません。コントロールプランで決められたSPC（統計的品質管理）項目や、計測にかかわるMSA（計測システム分析）の妥当性確認も含まれます。

　熱処理・溶接・塗装などの特殊工程に対して顧客がその監査方法を規定している場合は、それに従う必要があります。IATFメンバーの米国顧客の場合、AIAG発行の監理規定（例えば、熱処理に関してのCQI-9など、規格「附属書B」参照）が要求されています。

（7）　製品監査

　顧客へ提供される製品が、図面や仕様書および梱包・荷姿・ラベリングなどの顧客要求事項に適合していることを、ルーチン的な検査とは独立して監査されなければなりません。すべての製品が対象であり、適切なサンプリング計画が望まれます。方法について顧客からの要求事項があるときは、これに従わなければなりません。

8.4 現場監査の目のつけどころ

8.4.1 観察、インタビュー、文書・記録

　IATFでは、製造プロセスがもっとも重視されていて、それの前提段階である製造工程設計プロセスも非常に重視されています。製造プロセスもその他の支援プロセスも、監査は、そのプロセスが実際に行われている場所で、規格への適合した運用とパフォーマンスの確認が行われなければなりません。現場での①観察、②携わっている人へのインタビューと、③関連する図書(手順書、記録など)との対応の確認となります。

　まずは、現場観察が重要で、チェックリストにのみ頼りすぎる監査とならないことが必要です。観察はその瞬間かつその場のみが対象なので、時間的・空間的な関係を含め、関連図書の参照や、インタビュー・質疑を通じて事実関係を把握したうえで判断したり、懸念事項の有無を確認していきます。

8.4.2 工程管理－コントロールプラン、作業指示書

　IATFでは「コントロールプラン(QC工程表)」という文書を、工程管理のマスターとして、非常に重視しています。これは工程設計の段階で作成されます。現場監査も、これを参照して実施することが望まれています。もちろんコントロールプランが完璧でない場合もありますから、最終的には監査員の知識経験によるあるべき姿にもとづいた判断が必要です。コントロールプランは、考え方として、その工程で必要な管理をすべて漏れなくリストアップしたものであるべきです。加工されるワーク・製品に対して出来栄え確認をする製品管理と、加工する設備や条件確認を工程管理することの2つが必要となるため、それぞれの管理方法と合否判定基準が示されます(規格の「附属書A」による。形式はAIAG発行APQPマニュアルによるものが最も一般的です)。

現場作業者に対する標準作業指示書は、コントロールプランで決められた管理内容が正しく反映されていなければなりません。製造現場作業の妥当性は、製造工程監査で確認されますが、システム監査においても、パフォーマンス確認の一環として必要に応じて、確認が行われることになります。

■コントロールプラン（QC 工程表）

　コントロールプランは、製造管理のすべてを網羅した総覧表です。製造プロセスの各段階の管理項目を、すなわち受入検査・加工・工程内検査・最終検査・梱包などを、そのフローに沿って記載します。これは、製造工程設計の段階で作成され、その後の変更に伴って最新版（Living Document といいます）が維持されます。

- 一製品について、一つのコントロールプランが基本ですが、類似の複数製品からなる製品群に対する場合は、適用される製品型番が明示されるべきで、また個別製品ごとの適用の変更部分が明確にされるべきです。
- 加工工程が、複数の場合、例えば鋳造・鍛造・切削・熱処理・表面処理・組立などのフローによる場合は、分割したコントロールプランとすることもできますが、個別製品についてのシリーズが明確になるよう工夫が必要です。
- コントロールプランは、P-FMEA の結果による管理方法を反映させて決められるので、参照文書として FMEA 番号を示すことが望まれます。
- 製造条件は、使用する装置 / 治工具名（管理番号）、設定条件と公差（自動機の場合はプログラム名）、作業者 / 検査員が監視するパラメータと管理値範囲（日常点検項目を含む）、自動監視項目と警報システム・作動確認、ポカヨケと作動確認、記録方法などが含まれます。参照文書とする場合は、その明示が必要です。

- 作業者ではない間接要員による設備保全計画は、参照文書で示すことができます。
- 製品特性は、公差／判定基準・検査方法(自動検査を含む)・サンプルサイズ／頻度(全数検査を含む)・記録方法
- 不適合の場合の対処手順を明示します。
- 特殊特性の管理項目の場合、そのことを記号などで明示にします。
- SPC(統計的工程管理)にもとづく管理図が運用される場合、そのことを明示します。

　有効なコントロールプランが作成されていて、それを参照して内部監査を行うことが前提ですが、コントロールプランのあり方が十分に理解されておらず適切でない場合も非常に多々あります。管理の実態とコントロールプランの一致の確認については、監査の重要なポイントです。

　ノウハウの機密保持の観点から、記載を抑制することは正しくありません。すべての管理が網羅されるべきです。顧客からコントロールプランの提出を求められている場合で、守秘したい事項がある場合は、方針を決めて、必要に応じて顧客とも相談して、提出用の編集があるかも知れません。

8.4.3　プロセス起因の顧客苦情、次工程不良、工程内不具合

　パフォーマンスとして重要な要素は、そのプロセスの結果である不具合の発生の程度です。顧客や次工程への不具合品の流出はゼロ・ディフェクトが最終目標です。工程内不具合は極力ゼロであること、万一発生しても工程内で発見されることが重要です。システム監査では、これらの問題点のある箇所に焦点を当てて、活動の有効性を確認していきます。また、これらの不具合に対する是正処置であるプロセス改善活動の有効性を確認します。

　これらのなかで、重要視されているのが「P(工程)-FMEA」です。

これは工程設計プロセスで検討され作成されます。これには可能性のある不具合を想定して、この発生を防止する管理方法が決定されています。この管理が、コントロールプランへと反映されています。実際に発生している顧客苦情や工程内不具合は、「リスクとしてFMEAで想定されていた内容なのか」の見直しから始めるべきであり、もし想定されていなかったときには、追加の見直しが必要です。また、たとえ想定されていたとしても、「発生原因や頻度見積が正しかったか」「防止管理は十分だったか」を見直しして改訂していくことが必要です。P-FMEAからスタートして、コントロールプラン、作業手順書の改訂と、「システムが強固にされているかどうか」について有効性の確認が重要です。

■ P-FMEA（Failure Mode and Effect Analysis）

P-FMEAとは、工程フローに沿って、各工程の目標機能に対して、①「発生する可能性のある不具合、つまり故障モード」（例えば、防錆剤スプレー塗布工程では、防錆剤間違え、塗布位置・面積・量の仕様未達など）、②その結果としてユーザー・次工程が被る不具合としての影響（前例では、腐食・外観不良・機能不良など）、③プロセスとしての原因（ノズル位置不良、ノズル詰まり、塗布剤粘度不適など）、④この原因を防止するための現行の工程管理、および⑤モードに対する工程内検出管理を検討して一覧表に表す解析手法です。

故障影響の重大さ(S)、故障原因の発生頻度(O)、検出管理の程度(D)を点数評価して、S×O×Dをリスク指標RPN(Risk Priority Number)として示して、改善の要否を判断する参考とします。また、許容できないリスクについては管理方法の改善を図っていきます。これらは、漏れなく網羅的に行われなければなりません。モード・影響・原因などが取り違えられているケースもあり、正しい理解と運用が非常に重要になります。

8.5 チェックリストの例

　チェックリストは監査における想定質問項目をリストしたものですが、もしこれの回答を順次確認するように監査で使用される場合、プロセスアプローチ審査から乖離するので、そのようなリストは不要です。しかし、有効な監査のために、前準備を十分に行うために、あくまでも忘備録としてチェックリストを作成することは、非常に重要で望ましいことです。

8.5.1　プロセスの理解およびリスクと問題点

　対象となるプロセスをあらかじめ理解することやタートル図のような情報は有効です。そのプロセスのリスク・課題の理解が重要だからです。パフォーマンスの結果と直近12カ月および数年の推移の情報から想定される、プロセスの「強み・弱み」、または、問題点・懸念点を抽出して、それを現場で具体的なサンプルに当たって確認するために、自らの言葉でメモとしておくとよいでしょう。監査プランとしての優先順位づけ、予定する筋道を文書化しておくことは望ましいことです。

8.5.2　対応する規格要求事項、CSR要求事項

　監査の目的としての適合性確認は、重点指向のプロセスアプローチ審査の過程においても必須のことです。それぞれのプロセスに関連する要求事項を列記してのチェックリストは、必須ではありませんが有効なことと思われます。プロセス理解のなかでの、タートル図に示されるような要素事項に対応する規格要求事項を整理しておくことが考えられます。プロセス運用の実際の監査遂行のなかで、確認された要求事項の番号を記録しておくことが有効でしょう。

8.5.3 監査のフィールド記録

チェックリストは、監査遂行時のメモ・記録用紙として捉えられているケースがありますが、プロセスアプローチ審査としては必ずしも推奨できません。この現場記録は、監査の筋道および確認された証拠が記録されるべきです。監査はそれぞれの実際の状況による水物なので、証拠は場合によりブランクのノートやデジカメの写真などになるでしょう。

8.6 ベストプラクティスの例

8.6.1 内部監査報告書

内部監査のアウトプット記録として「内部監査報告書」は非常に重要です。システムが規格要求事項およびCSR要求事項に適合して運用されていること、パフォーマンスの有効性・効率に対する評価結論、指摘された不適合事項とその是正処置の結果、指摘された良好な運用状況（Best Practice）や改善の機会、推奨項目などの所見事項と、それらに対するプロセスの対処状況のサマリーの報告書が望まれます。これはマネジメントレビューのインプットとなります。トップマネジメントが、QMSの有効性を確信できて、説明責任の根拠となるべきものでなければなりません。サマリー報告書に付属して、所見事項に対する証拠または引用などの詳細、具体的な是正処置や改善活動の記録、また監査計画文書や、監査現場記録などが追跡できるように保管されるべきでしょう。

8.6.2 監査チームの構成－内部監査員は少数精鋭から

監査員の力量は規格要求事項を満足することが必要です。有効な監査のためには、必要とされている知識への深い理解と、監査技法の高いレベルが求められます。監査員養成と継続的なスキルアップ努力は非常に重要です。まずは資源を集中してエキスパートを育成することが望まれ

ます。エキスパートを核として監査チームに参加することで監査員の数を順次拡大していくのがよいと思われます。

8.6.3 徹底したフォローアップ、水平展開

　監査の結論としての指摘事項は、不適合と懸念事項・改善の機会などで報告されます。不適合は当然ながら、修正と是正処置が適切にとられなければなりません。同じような不適合が、繰り返し指摘されることがないように、適切な根本原因の追求と、その結果のシステム的な是正が必要です。同様の、または類似の対象への水平展開が適切に、徹底して行われる必要があります。その他の指摘事項についても、「それらをどのように受け止めて、どのように改善活動を行っていくのか」が決定されることが望まれます。是正処置や改善活動は、必ずしも短期間で完了するものばかりではありません。計画的に徹底的に取り組まれなければならないものもあります。これらの進捗を見える化して、次回以降の内部監査でも、完結するまで徹底的にフォローアップすることが望まれます。

第9章 さらなる改善に向けて

9.1 法令等にどのように対応すればよいか

　法令等の情報を自身で収集する場合は、以下のような方法があります。

① 　インターネット：各省庁や地方自治体は、法令の内容をまとめた Web サイト・ガイドライン・よくある質問集(Q&A)などを公開しています。よくある質問集の例として、以下、資源エネルギー庁「平成 20 年度　省エネ法改正にかかる Q&A」より引用します[1]。

> 【Q1-3】社員が 1 名しか常勤しないような小さな事業所も含めてエネルギー使用量を算入しなければならないのですか？
> 【A1-3】設置している事業所であれば、エネルギー使用量が微量であってもすべて算入の対象となります。

　また、インターネット版官報(https://kanpou.npb.go.jp/)もあります。
② 　団体(各工業会・協会、商工会議所、中小企業基盤整備機構等)
③ 　行政機関(国・都道府県・市町村)による説明会

---

[1] 資源エネルギー庁:「省エネルギーについて」「省エネ法の概要と必要な手続」(http://www.enecho.meti.go.jp/category/saving_and_new/saving/summary/pdf/ga.pdf)(アクセス日：2018/8/21)

④ メールマガジン（各省庁、民間の有料サービスなど）

以下、**表 9.1 〜表 9.5** に、便利と思われるサイトを紹介します。なお、以降で紹介する URL は、2018 年 8 月 21 日現在、有効な URL です。

表 9.1 品質関係のガイド、海外規制などのサイト（ISO 9001）

Web ページ名	内容概要および URL
経済産業省「製品安全ガイド」「事業者のみなさまへ」	http://www.meti.go.jp/product_safety/producer/index.html
消費者庁「表示対策」	http://www.caa.go.jp/policies/policy/representation/
日本貿易振興機構（ジェトロ）「基準・認証、規制、ルール」	https://www.jetro.go.jp/themetop/standards/
東京都立産業技術研究センター「MTEP/ 広域首都圏輸出製品技術センター」「海外規格のよくある質問（FAQ）」	http://www.iri-tokyo.jp/site/mtep/faq-index.html

表 9.2 環境（ISO 14001）関連法

法令名	Web ページ名	内容概要および URL
法改正	産業環境管理協会「環境関連法改正情報」	http://www.e-jemai.jp/jemai_club/act_amendment/
省エネ法	資源エネルギー庁「省エネ法の概要と必要な手続き」	http://www.enecho.meti.go.jp/category/saving_and_new/saving/summary/
建築物省エネ法	国土交通省「建築物省エネ法のページ」	http://www.mlit.go.jp/jutakukentiku/jutakukentiku_house_tk4_000103.html
フロン排出抑制法	環境省「フロン排出抑制法ポータルサイト」	http://www.env.go.jp/earth/furon/index.html
水質汚濁防止法	環境省「改正水質汚濁防止法に係る Q&A 集（ver.1）」	https://www.env.go.jp/water/chikasui/brief2012/brief_qa.pdf
土壌汚染対策法	環境省「土壌汚染対策法／土壌関係」	https://www.env.go.jp/water/dojo/wpcl.html

表 9.2　つづき

法令名	Web ページ名	内容概要および URL
廃棄物処理法	環境省「平成 29 年改正廃棄物処理法について」	http://www.env.go.jp/recycle/waste/laws/kaisei2017/index.html
	日本産業廃棄物処理振興センター「よくあるご質問」	http://www.jwnet.or.jp/qa/
	日本建設業連合会環境委員会建築副産物部会「建設廃棄物 Q&A（平成 28 年 4 月）」	https://www.nikkenren.com/publication/pdf/52/waste_qa03.pdf
PRTR法	経済産業省「化学物質排出把握管理促進法」	PRTR 制度・SDS 制度・Q&A 等を掲載 http://www.meti.go.jp/policy/chemical_management/law/index.html
化審法	経済産業省「化学物質の審査及び製造等の規制に関する法律（化審法）」	化審法 Q&A 等を掲載 http://www.meti.go.jp/policy/chemical_management/kasinhou/index.html
	製品評価技術基盤機構「FAQ（化審法）」	https://www.nite.go.jp/chem/kasinn/kasinn_faq.html

表 9.3　情報セキュリティ（ISO/IEC 27001）関連サイト

Web ページ名	内容概要および URL
総務省「情報セキュリティ関連の法律・ガイドライン」	http://www.soumu.go.jp/main_sosiki/joho_tsusin/security/basic/legal/index.html
内閣 IT 総合戦略本部「IT 関連法律リンク集」	http://www.kantei.go.jp/jp/singi/it2/hourei/link.html
個人情報保護委員会「法令・ガイドライン等」	個人情報保護法関連のガイドライン・Q&A 等を掲載 https://www.ppc.go.jp/personal/legal/

表 9.4　労働安全衛生（ISO 45001）関連サイト

Web ページ名	内容概要および URL
厚生労働省「労働安全衛生法の改正について」	平成 26 年改正法の法令・通知・パンフレット・Q&A 集を掲載 https://www.mhlw.go.jp/stf/seisakunitsuite/bunya/koyou_roudou/roudoukijun/anzen/an-eihou/index.html
厚生労働省「安全衛生に関する Q&A」	https://www.mhlw.go.jp/stf/seisakunitsuite/bunya/koyou_roudou/roudoukijun/faq/faq_index.html

表 9.5　食品安全（ISO 22000）関連サイト

Web ページ名	内容概要および URL
消費者庁「食品表示について」	食品表示関連通知・Q&A・ガイドライン等をまとめたサイト http://www.caa.go.jp/policies/policy/food_labeling/information/
厚生労働省「食品添加物」	食品添加物関連制度・FAQ・法令・通知等をまとめたサイト https://www.mhlw.go.jp/stf/seisakunitsuite/bunya/kenkou_iryou/shokuhin/syokuten/index.html
日本食品添加物協会「食品添加物 Q&A」	http://www.jafaa.or.jp/qa/
日本食品化学研究振興財団「食品中の残留農薬 Q&A」	http://www.ffcr.or.jp/zanryu/nouyaku-qa/post-28.html?OpenDocument

9.2　すべてのマネジメントに共通なヒューマンエラーの予防のチェックリスト

　自動化や機械化が進むほど、人間のミスが重大な結果を生みかねない状況です。入力ミスで瞬時に株の大損失を生んだ事件も発生しました。

　ヒューマンエラーは奥深い問題ですが、人間そのものの能力の低下（感知能力、処理能力など）とエラーを招きやすい環境の二つの面から手を打つ必要があり、安易に人のせいにしないことが大切です。

9.2 すべてのマネジメントに共通なヒューマンエラーの予防のチェックリスト　191

　ここでは、ヒューマンエラーに関するチェックリスト作成の参考となる考え方をいくつか紹介していきます。

（1）　エラー発生確率が高い仕事はやめることはできないのか（本当に必要性が高いのか）

　生産性の向上にもつながりますが、「その作業はより単純にできないのか」「その作業は自動化できないか」「各作業でのエラーの発生確率は下げられないのか」などの検討が必要です。

　「エラー発生件数＝作業数×各作業でのエラーの発生確率」で表すことができます。転記ミスを防ぐため、転記しない方法を考えることが重要です。

（2）　エラーを誘いやすい環境はなかったか

　例えば、「表示が小さい、現場が暗い」「見誤りやすい文字、名前、配置などがある（数字の1と英小文字のlなど）」「類似の型番や品名がある」などです。現場では、基本は同じだがわずかに違いのある製品の名前を末尾の数字などで表すことが多いと思いますが、末尾の文字や数字を大きなフォントにするだけで識別しやすくなります

　電話を使うときには特に注意が必要です。DとB、PとB、VとB、3と半を聞き間違えて重大事故を起こした事例があるからです。

　「意味がわかりにくい（法令の文書が良い例です）」「身体的に無理を強いている。例えば、重すぎる、無理な姿勢を強いられる、力が要る、騒音が激しい、高温多湿な作業環境にある、生産性向上を優先し安全作業を軽視する上司がいるなど」の環境下でエラーは起こりやすくなります。

（3）　エラーの少ない作業環境を用意したり、ポカヨケをしているか

　例えば、「薬品などの受け入れ口の形状が薬品ごとに異なり、誤接続ができないようにしているか」「重油の受け口が防油堤内にあり、こぼれ

ても外部流出が防止できるか」「配管ごとに色分けしているか」「所定の数量が供給されると自動停止できるようになっているか」「装置や設備が設計どおりのパフォーマンスを発揮できるようにメンテナンスされているか」「類似品を近くに置いていないか、紛らわしい品は整理しているか」といった対応をしているでしょうか。

　筆者(内藤)の知る事例では、ある病院で医師ごとに医薬品名を処方するのを改め、効果の同一な薬品を統一し、院内処方で紛らわしい名前の薬品をなくしています(このような事例でバーコード管理することも有用です)。

(4) 利便性を優先してヒューマンエラー防止を軽視していないか

　「生産性を落とすなどの理由で安全装置を外したり、警報装置の感度を鈍くする」といった対応は現場でよく見られるので、このようなことがないようにより強く注意する必要があります。

(5) エラーの予防をしているか

　鉄道などで実施されている指差呼称は現場における有効な予防策といえます。恥ずかしがらずやることも重要です。ある組織では、構内安全のため、横断するときは左右確認を指差呼称して事故を予防しています。また、構内車両(フォークリフトなど)でも、後方・左右の確認を指差呼称させています。

　チェックリストを活用し、抜け落ちを確認することも大切です。ただし、チェック項目が多すぎると、チェック者に面倒だと思われやすくなります。また、形骸化したチェックリストの使用はかえって危険なので、重要な内容を常に反映できるように努める必要があります。

(6) 作業者が正しく活動できる状況か

　「睡眠時間を含め休息は十分かどうか」確かめることは特に運輸関係

者などでは重要です。夜勤後の体力回復は、著しく低下するといわれます。また、加齢とともに疲労回復力も低下します。個人差はありますが、疲労による検出力の低下は2～3時間で2分の1あるいは3分の1になるといわれます。夜明け前など体温が低いとエラーを起こしやすいといわれます。また、以下のような考慮も大切です。

- 加齢による運動感覚や平衡機能や明暗反応時間、記憶力、順応力などの低下を本人が自覚しているか。あるいは第三者が自覚させているか。
- 記憶は薄れることを考慮しているか。

「学習は2日すると20％しか記憶していない」という調査もあるようです。重要なことは繰り返し教育が必要なことがわかります。

（7） 安全優先の判断をさせる企業・職場文化があるか

　組織の最高責任者が安全への取組みに積極的かどうか（口先だけではだめなことは自明です）も重要です。例えば、ある機械が高速回転する現場では、「安全はすべてに優先する」という大きな表示が各所にありました。しかし、作業者は濡れて滑りやすい床を、しかも高速回転する設備の間を駆け回っていました。筆者が事情を聴くと「生産性向上のため、作業者数が減らされたので……」ということでした。

　また、間違いにつながる恐れがあることはくどくても、愚直に確認を繰り返します。例えば、病院などで特に入院患者側には不評なこともあるようですが、患者名や誕生日などの確認を繰り返すことなどが一例です。

（8） コミュニケーションエラー

　読者の皆さんは小学生の頃など、伝言ゲームを経験したと思います。伝言ゲームは列の先頭にある情報を伝え、最後の列の人に聞いたことを話してもらい、最初与えた内容と照合するゲームですが、おそらく驚く

ほど内容が変化している場合が多かったはずです。「自分の言ったことがそんな意味に理解されたのか」とときどきびっくりした経験は誰にでもあると思います。このような意味の取り違え、コミュニケーションエラーもヒューマンエラーの原因の一つといえるでしょう。

9.3　業務改善のためのチェックリスト

内部監査は、このような課題に踏み込むことで、より効果を上げることが期待されます。参考になれば幸いです。

9.3.1　仕事のやり方・させ方
（1）　仕事のメリハリをつけているか

仕事はその内容によりいつも100点満点である必要はないはずです（完璧主義、個人的満足、上司の満足ではいけない）。例えば、社内会議用資料なら、社内関係者に理解できる内容・体裁でよいと思います。

（2）　仕事の優先順位を明確にしているか

優先順位の低い仕事は後回しにしたり、先延ばしにできるはずです。「優先順位をどのように決めるか」について上司と相談することもよいと思います。

（3）　その仕事は本当に必要か（仕事の中身やその重要性の理解）

「昔から行われている」「昔経営層が指示したから」といった理由で継続されている仕事は、その現在における意義を再検討すべきです。上司の指示の仕事も、その意味や中身が十分理解できない場合には十分に確認することも重要です。

（4） 本当に残業しなければならないのか

働き方改革、過労、サービス残業、ブラック企業などという言葉が飛び交い、今や残業が社会問題となっています。現在の焦点は、「人間の身体的・精神的能力を超えた残業をいかに減らすか」にあります。

このような時代に、（残業のつかない）上司が定時後いつまでも残ることは問題です。猛烈に働くことで有名なN社会長は、「最近残業を減らしたら会社利益にどのような影響があるか検討中」とのことですが、「これまで利益に影響する兆候は見られない」といっています。

（5） 指示やアサイン（仕事の割合て）された仕事の意味、意義などを自分なりに考えて十分理解しているか

盲従的な仕事の仕方は、無駄を生じやすく、また、的を外す恐れがあります。また、「ルールはルール」というような実態や実質を考えない姿勢は無駄を生みます。

（6） ワークライフバランスや、ライフワーク、ライフデザインを考えているか

あまり考えないで日常の仕事に追われる人と、自分の余暇にプランをもっている人、将来を見据えて仕事する人では仕事の質に大きな差が出てきます。余暇の時間を生み出すためには、その前に「やるべき仕事をどのように効率よく終えるか」を考えるでしょう。また、将来を見据えて個人として専門性の向上やスキルの向上を図れば、組織にとっても有益なので、個人と組織はWin-Winの関係になります。そのために「自分自身のために使える時間を確保する」という意識をもつことが仕事の質を変えることにつながります。

（7） メールなどの媒体を効率的に使用しているか

メールは利便性が高い一方で、「何でもメールでやり取りすることが

本当に効率的なのか」については一考を要します。何度もメールをやり取りするより電話したほうが、時間がかからないこともあります。また、CCやBCCも厳選すべきです。相手の時間を奪うからです。

　SNSなどの多用も、自分ならびに相手の作業中断を生みやすいので配慮が必要です。仕事の中断は効率を下げるばかりでなく、作業再開時にミスを生みやすいことも要注意です。メールの受信および送信について、時間帯を決めて行うことも仕事の中断を招かないためには有効です。

　メールなどのように直接面談しないコミュニケーションは、「てにをは」一つで意味を誤解されたりしますし、また感情的な行き違いを生むリスクがあります。こうした問題を起こせば、後処理に多くの時間と工数を発生させます。簡潔で誤解を生まない表現を心掛ける必要があります。

(8)　リスクを予防しているか

　安全かつ完璧な仕事や操業はありません。リスクゼロは、究極の目的であり、それを目指して努力すべきことは確かですが、「リスクゼロでなければ何もしてはならない」ということではわれわれの生活は成り立ちません。安全との戦いには終わりがないことも事実です。危険はいつもどこかに潜んでいます。

　設備一つとっても老朽化に伴って危険は増します（漏電事故、装置の腐食など）。作業者の身体的能力は、25歳前後をピークとして、加齢とともに下がります。人による個人差がありますが、部分的には3分の1以下に低下する機能もあります。したがって、若い頃は問題なくできたことが、十分できなくなっているリスクも発生します。

　リスクは、それをゼロにすることよりも、「リスク顕在化の可能性を小さくすること」「リスクがあることを認識しておくこと」が大切です。

　リスク顕在化の可能性を小さくすること（リスク予防）に必要な経費と時間は、リスクが現実のものとなって対策する場合に比べてかなり小さ

いのが一般的です。すなわち、リスク予防は広い意味で生産性向上につながるのです。

（9） 同じ失敗を繰り返していないか

　顧客クレームなどは、整理してみると類似の内容が多数見つかることも少なくありません。その都度再発防止をしているはずですが、原因の特定が不十分である事例がよくあります。クレーム件数が多い組織では、1件ごとにしっかり対応している時間がないなどの理由もあるようですが、クレーム処理は多くの場合、優先して行うことになり、通常の活動を阻害します。トータルで考えるとしっかり再発を防止したほうが業務や生産性向上につながるケースも決して少なくありません。

　ある組織では、かつての対策が不十分なせいで根本的な原因が同じ不具合が多数あることに気がつき、手を打ちました。結果としてクレーム数は目に見えて低下したそうです。

　失敗は結果です。失敗に至るまでのプロセスで何らかの正しくない状況があったにもかかわらず、それが顕在化しないまま、その結果に至ったと考えられます。その正しくない状況が見過ごされることなく、失敗する前の時点で顕在化できるような工夫をすることで、失敗の多くは防ぐことができます。例えば、ポカヨケや目で見る管理などは有効な手立てとして知られています。

（10） 失敗に対する対応は迅速か

　事故を起こしたり、対外的な失敗などが発生すると「まず原因は何か」「誰の責任か」を特定する作業が行われがちです。しかし、大切なのは起きた不具合に迅速に対応することです。対外的な問題であれば、相手の立場に立って応急でもいいから処置すること、一報を入れることが重要です。ある中小企業では、これを徹底して顧客の厚い信頼を得ています。顧客を怒らせた後の回復作業は、費用と時間を要し、生産性を低

下させます。

　また、ある会社では、品質クレームに対し、品質保証部門の担当者が出向いたところ、取引先の責任者から、「不良を作った人間（製造部門の責任者）が来るべきだ」と叱責されたそうです。「なぜ流出したのか」よりも、「なぜ不良が作られたのか」という根本を問われた好事例といえます。

9.3.2　管理職の役割
（1）　上司として曖昧な指示をしていないか

　一度、「部下が自分の指示をどのように捉えているか」について無記名のアンケートなどで調べてみることもお勧めです。「できるだけ早く」などといわないで、納期（急ぐ場合はその理由）、目的や精度などを明確に指示することは、生産性向上につながります。部下が外国人などである場合は、以心伝心は通用しません。同じ日本人でも若い人は、単語一つでも意味を取り違えている例があります。「姑息な手段」は、「一時の間に合わせ、気休めの手段」が本来の意味ですが、若い世代では「ひきょうな」の意味で使う人が70.9％という結果が出ています[2]。また、若い人が使用する略語や言い回しが年配者には意味不明となる事例もあります。ネット用語を乱発されたりすれば、高齢者には若者同士の会話を理解することは困難です。

（2）　変化を嫌っていないか

　誰でもこれまで継続してきたやり方を踏襲するほうが楽な場合があります。こうした傾向の強い人材が幹部に多いと、業務合理化や生産性向上の変革を呼びかけても、彼らに実質的に骨抜きにされてしまいます。

---

2)　文化庁：「文化庁月報　平成24年6月号（No.525）」(http://www.bunka.go.jp/pr/publish/bunkachou_geppou/2012_06/series_10/series_10.html)（アクセス日：2018/8/21）

上司による人材登用はこうした点に配慮が必要です。論功行賞的に保守的な人材を(例えば、副工場長などに)登用する例が見られますが、改革の足を結果として引っ張る事例が少なくありません。ある会社では、「三日間の現状維持は管理職の怠慢である」と、厳しく管理者の姿勢を戒めているところもあります。

(3) 褒める管理をしているか

日本人は生真面目すぎる点があり、褒めるより叱責に傾きがちといわれます。褒めて部下に「自分は必要とされている」と認識させることで士気が高まります。上司に成果を評価されればやる気が高まります。やる気があってこそ成果につながり、仕事の生産性が高まります。良い点を積極的に見出す上司の努力が求められます。

(4) 社員の士気が上がるようにマネジメントしているか

部下の自主性を軽んじ目標管理を押し付け、結果だけを求めれば士気は下がります。仕事のやり方や進め方について、上司はつい自身の成功体験など自分の経験を押し付けがちになります。方法を教えるのではなく、自分自身で考えて進めて行けるような導き方が求められます。

(5) (高すぎる)無理な目標を押し付けていないか

日本の経営者は、高い目標を掲げすぎる傾向があります。目標を掲げる経営者自身が「そこまでは無理だろう」と思っており、部下も「そこまでできるはずもない」と思っているケースはよく見受けられます。T社トップが歴代無理な目標やノルマを強要し、経営上大問題を起こしたことはよく知られています。

自分がやってできない目標は立てるべきではなく、部下に押しつけるべきではありません。もし、「必要であるが目標達成が難しい」と判断される場合には、自身の参画も含め積極的に目標達成のための支援を惜

しまないことが重要です。「あとは、よろしく頼む」では、部下はついてきません。

（６） 過度に同調や協調性を求め、成果・結果につながる個人的な行動を制限していないか

協調は「たとえ意見が異なっても協力して事を成すこと」、同調は「ある人の意見に賛成し同じ行動をすること」といわれますが、多くの組織では、権限のある者、声の大きい者の意見が通りがちになる傾向が見られます。異論を受け入れる「言える環境」づくりは、経営者や上司の姿勢に左右されます。会議の後になって、「実は、あの考えには反対なんだ」との声が出てこない風土づくりが大切です。

（７）「なぜそのようにするのか」「合理的な理由はあるのか」を教育しているか。

仕事を身体で覚えること、先輩のやり方を見て倣うことも重要ですが、「なぜか」を知らないと失敗したり、緊急時に対応ができません。また、現場では自己流のやり方、勝手な簡素化を行って失敗することがあります。

理解しただけでは人が行動に移す可能性は大きくありません。大切なのは理解し、納得することです。納得するためには、次のことが満たされ、かつ、これらを指示する側が認識していることが求められます。

- なぜ、そのことを行うのか。
- そのことを行わないと、何が起こるのか、何が困るのか。
- そのことを行うだけの時間はあるのか。
- そのことを行うだけの知識やスキルが備わっているのか。
- そのことを行うことで、担当者に何を期待しているのか（「なぜその人に任せるのか」が明確にされているか）。

(8) 女性の活用ができているか

　女性の活用には、「女性の立場に立った人事制度や労働環境になっているか」など根本的な点から検討する必要があります。「産休をとると昇進などで不利な扱いを受ける。退職せざるを得ない」と女性を追いつめる制度や慣習を残する組織も少なくありません。職場の男性にありがちな「女性には使われたくない。指示をされたくない」といった意識の変革に経営者の積極的な働きかけが必要でしょう。子育て中の女性に対し週3～4日勤務を認めたり、在宅勤務を導入するなど、研究の余地はあるはずです。また、このような女性の周辺の人々がお互いに助け合い補い合える仕組み作りも必要です。

(9) 年配者の活用ができているか

　高齢者は、例えば25歳ぐらいの社員に比べて50歳台では能力は(あくまで平均ですが)70～75％に低下するといわれます。しかし、経験にもとづく知識や技能の蓄積、総合判断力などは向上するのが一般的です。新人をベテランのレベルまで教育する時間とコストを考えると高齢者の活用は重要です。もちろん高齢者に対しては健康リスクも考慮する必要があるでしょう。

　「ダイバーシティ」「人材＝人財」と謳っている組織は、本当にそのことについて、働いている人たちに寄り添った経営を行っているといえるでしょうか。「女性を差別することなく管理職に登用しているか」「年配者の経験を活かした教育制度やマネジメントが目に見える形で行われているか」「障害者(身体的、知的両面)に対する配慮が目に見えて改善されているか」が大切です。口だけのスローガンで満足するところも多いので、そうならないように経営者は努めるべきです。

(10) 専門職を活用できているか

　日本の組織では伝統的にゼネラリストが尊重される傾向があります。

しかし、本当の問題解決はスペシャリストに拠らざるを得ないことが多いはずです。有能なスペシャリストが厚遇され士気高く活動する組織は、間違いなく生産性が向上します。

(11) 改善投資の先送りをしていないか

「投資を先送りできないか」という話はよく出ます。しかし、高性能な設備や機器の導入は仕事の生産性向上につながることは自明です。ただし、投資対効果や、投資回収の期間などをできるだけ正確に把握して上申する必要はあります。

業務ソフト、AI(Artisicial Intelligence：人工知能)やRPA(Robotic Process Automation)の導入には効率化、人員削減、ヒューマンエラーの削減などの観点から経営者の関心も高いと思われます。他社に遅れれば競争力低下を招き、早すぎれば二重投資を招く恐れもあります。AIにしてもRPAにしてもその機能次第では相当に高額になります。しかし、情報のアンテナを高くしてその導入事例の研究を重ね、メリット・デメリットについて情報を入手したり、導入結果を評価できる体制などを整えることは重要でしょう。

9.3.3 職場環境のあり方

(1) 日常的にリフレッシュできるよう、職場で配慮しているか

同じ作業を継続すると注意力が大きく低下し、実質的な効率が低下することが知られています。人間の身体の疲労などを科学的に分析した研究から、「検査業務などではできれば30分ごとに休憩する、または仕事の種類を変えることが有効」といわれます。一見、休憩や仕事の種類を変えることで効率の低下を招くとみられることであっても、全体を通しての効率が向上することもあり、それを見定めることが大切です。

NASA(米国航空宇宙局)の研究によると、「昼寝(例えば、昼食後)をすると、その後の作業効率は30％も向上する」といわれています。多

くの組織では、現場作業は休憩時間を設けていますが、スタッフは対象外のところが多いようです。勤務形態の制度設計を改善することが効率化に結びつくとすれば、経営者も受け入れるべきでしょう。

（2） リフレッシュ休暇などがとりやすい職場環境か
　残業続きなどによる慢性的な疲労が過度になると、過労死やうつ病発生の原因となるといわれます。組織としても全体的な生産性を考えれば、有用な人材を失ったり、フルで仕事ができない人を抱えるより、リフレッシュしてもらったほうがはるかに得です。実際に最近、長期休暇が有用だとして、実効的な仕組みを取り入れる組織が出始めています。

（3） 労働安全に配慮しているか
　労働災害は作業者自身に大きな損害を与えるということを経営者が配慮すべきで、労働安全衛生法という法律を順守することは絶対です。しかし、労働安全衛生事故の発生は正常な業務を阻害し、組織の生産性を低下させることへの影響はあまり意識されていません。重篤な事故が起きれば行政から業務の停止（特に発生部門）を命じられることもあります。

（4） 5Sができているか
　「整理、整頓、清潔、清掃、しつけ」を5Sとよぶことはよく知られており、実践している組織も少なくありません。5Sはあらゆる管理の基本であることも説明を要しないでしょう。5Sを徹底することを経営のツールとして、大きな成果を生んでいる組織もあります。
　しかし、5Sを表面的に取り組んでも、やがてゆるんで、元の木阿弥となるケースも少なくありません。「見てくれ5S」は挫折感しか残りません。
　5Sは「モノ」に対する5Sと、「コト」に対する5Sとがあります。コ

トの5Sとは、「機能」をいい、スタッフ部門では仕事そのものに相当します。スタッフ業務の大半は目に見えません。「スタッフ業務の5Sとは何か」について一度は議論すべきだと思います。

　5Sを理解するコツとしては、前半の「整理」「整頓」「清掃」の3Sと後半の「清潔」「しつけ」の2Sに分けてみることが重要です。前半の3Sはすべて「行動」につながります。つまり、3Sを繰り返し徹底することで、清潔な状態につながり、そのことを習慣化することがしつけになります。そのためには、5Sは「一過性の運動」で取り組む性質のものではないことに気づくことが重要です。

9.3.4　会議のあり方

（1）「会議が最大のコミュニケーションの場である」と勘違いしていないか

　「上司が気楽に個々の部下に対して（仕事に関する）問いかけをすることは、実態や問題点が正確に把握でき、指示も的確にできる点で優れたコミュニケーションである」といわれます。コミュニケーション不足は誤解を招き無駄につながります。ランチタイムなどに毎日同じ人ではなく、順番に部下や同僚と話し合ったり、意見交換するなども有用です。

　部下は、上司が思っている以上に上司との距離感をもっています。それだけに上司から積極的に語りかけていく姿勢が、上手なコミュニケーションにつながるといえます。

（2）　会議の目的が明確か、会議の出席メンバーを絞っているか

　会議には出席するが多くの場合、ほとんど意見もいわない人がいます。こうした人を外せない事情がなければ、結論を導くのに必要な人だけを厳選することも生産性向上の一策です。

（3） 会議は結論を明確にしているか

「会議では曖昧な用語を使用しない」と指導している組織があります。「だいたい」「おおむね」などの類の言葉です。明確な結論の出ない会議は、会議そのものが無駄です。

（4） 会議の準備や運営は適切か

会議の議長や主宰者は、異論に寛容な人を選ぶことが望まれます。組織の上位である人ほど、話しやすい場の形成に責任があります。

会議の開始や終了時間については明確化と厳守が重要です。だらしない組織では、会議の遅刻者が少なくありません。とかく人件費の高い者が会議に遅れる傾向が見られます。逆に上位職がきちんと会議を開始すれば遅刻者は激減します。基本、「会議そのものは付加価値を生まない」ということを主催者はよく認識しておく必要があります。

【コラム⑩】 中国サイバーセキュリティー法

中国では、2017年6月1日に中国サイバーセキュリティー法（中国名称：中華人民共和国网絡安全法）[3]が施行されました。この法律の日本語仮訳は、中国日本商工会がWebページで公開しています[4]。

この法律は、第1章の総則から第7章の附則まで全79条で構成されています。罰則は第6章の法的責任に規定されています。用語が定義は、第76条に「ネットワーク」「サイバーセキュリティー」「ネットワーク運営者」「ネットワークデータ」「個人情報」の5つが規定されています。

---

[3] 全国人民代表大会：「中華人民共和国网絡安全法」(http://www.npc.gov.cn/npc/xinwen/2016-11/07/content_2001605.htm)（アクセス日：2018/8/21）
[4] 中国日本商会：「政策提言活動情報」「サイバーセキュリティ法　意見書提出」(http://cjcci.org/cjactivityinformation/article/activityinformationid/16)（アクセス日：2018/8/21）

ここでいう「ネットワーク」とは、「コンピュータ又はその他情報端末及び関連機器で構成された、一定の規則及びプログラムに基づき情報の収集、保存、伝送、交換、処理を行うシステムをいう」とあり、「ネットワーク運営者」とは、「ネットワークの所有者、管理者及びネットワークサービスプロバイダをいう」とあります。

　このことから、コンピュータを所有している者が含まれることなり、Google、Yahoo のようなプロバイダのみが対象となっているわけではないことがわかります。そのため、日本企業でも中国国内に事務所・工場があり、コンピュータ（いわゆる PC）を使用していると、第 21 条にある内部安全管理制度および操作規程の制定、ネットワーク責任者の確定、サイバー攻撃防止のための技術的な措置を講じる必要があります。また、ログを 6 カ月以上保存することに加え、データのバックアップと暗号化などの措置も生じます。

　また、この法律が海外企業を含めて日本企業に影響を与える点は、第 37 条にある中国国内での運営において収集および発生した個人情報および重要データを、中国国内で保存しなければならないことです。国外へ持ち出しするときは、当局の安全評価を受ける必要があります。

　以上のことから、中小企業にとっては負担の大きい法律であることがわかります。

　一方、この法令への「対策マニュアル」を日本貿易振興機構（ジェトロ）が Web で公開しています[5]。興味のある方は参照してください。

5）　日本貿易振興機構（ジェトロ）：「調査レポート」「中国におけるサイバーセキュリティー法規制にかかわる対策マニュアル（2018 年 2 月）」(https://www.jetro.go.jp/world/reports/2018/02/155b6354c9acea0c.html)（アクセス日：2018/8/21）

引用・参考文献

[1] 日本工業標準調査会(審議):『JIS Q 9000:2015(ISO 9000:2015) 品質マネジメントシステム―基本及び用語』、日本規格協会、2015年
[2] 日本工業標準調査会(審議):『JIS Q 9001:2015(ISO 9001:2015) 品質マネジメントシステム―要求事項』、日本規格協会、2015年
[3] 日本工業標準調査会(審議):『JIS Q 14001:2015(ISO 14001:2015) 環境マネジメントシステム―要求事項及び利用の手引』、日本規格協会、2015年
[4] 日本工業標準調査会(審議):『JIS Q 19011:2012(ISO 19011:2011) マネジメントシステム監査のための指針』、日本規格協会、2012年
[5] 日本工業標準調査会(審議):『JIS Q 27000:2014(ISO/IEC 27000:2014) 情報技術―セキュリティ技術―情報セキュリティマネジメントシステム―用語』、日本規格協会、2014年
[6] 日本工業標準調査会(審議):『JIS Q 27001:2014(ISO/IEC 27001:2013) 情報技術―セキュリティ技術―情報セキュリティマネジメントシステム―要求事項』、日本規格協会、2014年
[7] グローバル・コンパクト・ネットワーク・ジャパン、地球環境戦略研究機関:「動き出したSDGsとビジネス〜日本企業の取組み現場から〜」(http://www.ungcjn.org/activities/topics/detail.php?id=208)
[8] グローバル・コンパクト・ネットワーク・ジャパン:「未来につなげるSDGsとビジネス〜日本における企業の取組み現場から〜」(http://www.ungcjn.org/sdgs/index.html)
[9] 厚生労働省「鋳物製造業におけるリスクアセスメントマニュアル」「第3章 リスクアセスメント実施一覧表の作成(安全・労働衛生)」(https://www.mhlw.go.jp/bunya/roudoukijun/anzeneisei14/dl/it070501-1d.pdf)
[10] 厚生労働省:「「外国人雇用状況」の届出状況まとめ(平成29年10月末現在)」(https://www.mhlw.go.jp/stf/houdou/0000192073.html)
[11] 厚生労働省:「厚生労働省や都道府県等が公表した食品衛生法違反食品等の回収情報、輸入食品の回収事例等」(http://www.mhlw.go.jp/stf/seisakunitsuite/bunya/kenkou_iryou/shokuhin/kaisyu/index.html)
[12] 厚生労働省:「平成18年3月10日 厚生労働大臣がリスクアセスメントの実施による自主的な安全衛生活動の促進を図るための指針を発表」(https://www.mhlw.go.jp/houdou/2006/03/h0310-1/html)
[13] 厚生労働省:「法令等データベースサービス」(https://www.mhlw.go.jp/hourei/)

[14]　厚生労働省労働基準局安全衛生部：「第12次労働災害防止計画の評価（2017年7月24日）」(https://www.mhlw.go.jp/file/05-Shingikai-12602000-Seisakutoukatsukan-Sanjikanshitsu_Roudouseisakutantou/0000172160.pdf)
[15]　国土交通省：「「宅配の再配達の削減に向けた受取方法の多様化の促進等に関する検討会」報告書の公表について」(http://www.mlit.go.jp/common/001102289.pdf)
[16]　個人情報保護委員会：「GDPR」(https://www.ppc.go.jp/enforcement/ooperation/cooperation/GDPR/)
[17]　消費者庁：「食品表示法等（法令及び一元化情報）」(http://www.caa.go.jp/policies/policy/food_labeling/food_labeling_act/)
[18]　資源エネルギー庁：「省エネ法に係るQ&A（平成22年3月31日改訂）」(http://www.enecho.meti.go.jp/category/saving_and_new/saving/summary/)
[19]　資源エネルギー庁：「電力調査統計表　過去のデータ」(http://www.enecho.meti.go.jp/statistics/electric_power/ep002/results_archive.html)
[20]　情報通信研究機構：「NICTER観測レポート2017の公開」(http://www.nict.go.jp/press/2018/02/27-1.html)
[21]　総務省：「国民のための情報セキュリティサイト」(http://www.soumu.go.jp/main_sosiki/joho_tsusin/security/)
[22]　総務省：「不正アクセス行為の発生状況及びアクセス制御機能に関する技術の研究開発の状況」(http://www.soumu.go.jp/menu_news/s-news/01ryutsu03_02000119.html)
[23]　総務省行政管理局：「電子政府の総合窓口e-Govの法令検索」(http://elaws.e-gov.go.jp/search/elawsSearch/elaws_search/lsg0100/)
[24]　中部産業連盟：「『VDAシリーズ規格』日本語版」(http://www.chusanren.or.jp/iso/01_03.html)
[25]　内閣IT総合戦略本部：「IT関連法律リンク集」(http://www.kantei.go.jp/jp/singi/it2/hourei/link.html)
[26]　日本産業衛生学会政策法制度委員会：「提言　産業現場におけるこれからの化学物質管理のあり方について（平成27年（2015年）6月1日）」(https://www.sanei.or.jp/images/contents/325/Proposal_Chemicals_Occupational_Health_Policies_and_Regulations_Comittee.pdf)
[27]　日本貿易振興機構（ジェトロ）：「　調査レポート」「中国におけるサイバーセキュリティー法規制にかかわる対策マニュアル（2018年2月）」(https://www.jetro.go.jp/world/reports/2018/02/155b6354c9acea0c.html)
[28]　日本貿易振興機構（ジェトロ）：「特集　EU一般データ保護規則（GDPR）につ

いて」(https://www.jetro.go.jp/world/europe/eu/gdpr/)
[29]　日本貿易振興機構（ジェトロ）：「日本の農林水産物・食品の輸出データ」(https://www.jetro.go.jp/industry/foods/export_data.html)
[30]　農林水産省：「新たな JAS 制度について」(http://www.maff.go.jp/j/jas/h29_jashou_kaisei.html)
[31]　農林水産商品安全技術センター：「食品の自主回収情報」(http://www.famic.go.jp/syokuhin/jigyousya/hinmokubetu.pdf)
[32]　農林水産省：「農林水産物・食品の輸出に関する統計情報」(http://www.maff.go.jp/j/shokusan/export/e_info/zisseki.html)
[33]　村山武彦：「わが国における悪性胸膜中皮腫死亡数の将来予測（2002/4/17）」(http://park3.wakwak.com/~banjan/main/murayama/html/murayama.htm)
[34]　全国人民代表大会：「中華人民共和国网络安全法」(http://www.npc.gov.cn/npc/xinwen/2016-11/07/content_2001605.htm)
[35]　中国日本商会：「政策提言活動情報」「サイバーセキュリティ法　意見書提出」(http://cjcci.org/cjactivityinformation/article/activityinformationid/16)
[36]　European Commission：「Data protection」(https://ec.europa.eu/info/law/law-topic/data-protection_en)
[37]　International Automotive Task Force（www.iatfglobaloversight.org）
[38]　Intrnational Automotive Task Force：“Customer Specific Requirements”(https://www.iatfglobaloversight.org/oem-requirements/customer-specific-requirements/)
[39]　Plexus JAPAN：「IATF16949 書籍」(http://www.plexus.jp/books/index.html)
[40]　沖本一宏：『ISO/TS　プロセスアプローチ内部監査のノウハウ』、日科技連出版社、2006 年
[41]　河野龍太郎：『医療におけるヒューマンエラー』、医学書院、2014 年
[42]　中田享：『防げ　現場のヒューマンエラー』、日科技連出版社、2010 年
[43]　日本規格協会（編）：『対訳 IATF 16949：2016 自動車産業品質マネジメント規格』、日本規格協会、2016 年
[44]　日本規格協会（編）：『IATF 16949 自動車産業認証スキーム IATF 承認取得及び維持のためのルール 第 5 版』、日本規格協会、2016 年
[45]　長谷川武英、西脇孝：『IATF16949 自動車セクター規格のすべて』、日刊工業新聞社、2017 年
[46]　廣瀬春樹、安藤黎二郎、須田晋介、清水昌明：『実践プロセスアプローチ タートルチャートの活用』、日科技連出版社、2017 年

索　引

［英数字］

4M　48、72
5S　203
5W1H　5、68、69、70
AIAG　177
APQP　178
BS（英国規格）8800　130
China HACCP　152
CIA の視点　111
CSR　172
EMS　83
　　——の適用範囲　88
　　——のプロセス　89
ESG　6、85、105
EU 指令　66
FMEA　177
FSSC　152
FSSC 22000　153、156
GDPR　126
GFSI 認証　151
HACCP　150
IATF 16949　171、172
　　——で特徴的な内部監査
　　　への要求事項　174
ILO　8
ISA　8
ISMS 運用チェックシート
　116
ISMS ユーザーズガイドー
　JIS Q 27001：2014 対応
　113
ISO　8
ISO/IEC Guide51「安全側
　面−規格」　134
ISO/TS 22002-1：2009
　153
ISO 12100 シリーズ
　134
ISO 14001　9
ISO 19011　43
ISO 22000　150、153

ISO 45001　130
ISO 9000 シリーズ　8
ISO 9001　9、10
ISO 9001：2015 で法令・
　規制及び顧客要求事項が
　規定されている条項
　64
ISO 9001：2015 の規格要
　求事項　52
JFS-C 規格　152
JIS B 9700 シリーズ
　134
LP ガス保安法　66
MSA　178
MS 構成要素　14
MS のパフォーマンス
　31
OH&SMS 規格　132
OH&SMS の適用範囲
　144
OHSAS 18001　130、132
OPRP　156
Output matters　53
PL 法　65
PDCA サイクル　53
P-FMEA　183
PPAP　179
PRP　161
PRTR 制度　189
P-FMEA　182、183
QMS に関係する法令・規
　制及び顧客要求事項
　65
QMS の意図した結果
　56、60
QMS のベストプラクティ
　ス　78、81
SDGs　5、85、149
SDS 制度　189
SPC　178
Tier-1　171
Tier-2　171

TPM 活動　105
Win-Win の関係　24、
　82、195

［ア行］

アウトソース先の管理
　59、166
アスベストによる労働災害
　129
アレルゲン管理　165
安全衛生に関するノウハウ
　145
安全パトロール　138
維持　28
著しい環境側面　88、92
意図した結果　68
運用の計画及び管理　96
営業プロセス　70
衛生管理　140
エラーの予防　192
エラー発生確率が高い仕事
　191
エラーを誘いやすい環境
　191
オーディットトレイル
　76
温暖化　83、84

［カ行］

海外規格のよくある質問
　（FAQ）　188
会議関連　204、205
改善　100
外注・下請けとの関係
　82
外部委託したプロセス
　58
　　——に対する管理　58、
　　　96
外部委託する　81
化害法 Q&A　189
ガス事業法　66

紙媒体　119、124
可用性　111、112
環境関連法　85、188
環境省「改正水質汚濁防止法に係るQ&A集(ver.1)」　188
環境側面　88、92
環境パフォーマンスの向上　87
環境方針　91
環境目標　94、95
　——の達成　87
監査結果報告書　40
監査所見　32
監査チームリーダー　38
監査におけるリスクアプローチ　80
監査の主な目のつけどころ
　(EMS)　104
　(IATF 16949)　173
　(ISMS)　108
　(QMS)　67
　(食品安全)　155
　(労働安全衛生)　132
監査の有効性　30
監査プログラムの目的の設定　80
監視機能の検証　115
監視・測定　49、97
完全性　111、112
管理技法　177
管理策　110、111
管理職の役割　198
管理責任者　38
規格の要求事項　67
危険源に関するリスクの評価　134
危険源の特定　134
機密性　111、112
業界別関連法令　66
業界別行政・団体の事故・リコールなど情報　61
共通テキスト　3、4、9、10、14、16、17、18
業務改善のためのチェックリスト　194
緊急事態への準備及び対応　97
クリアスクリーン　117
クリアデスク　117
経営者　20、45
　——視点(目線)　20
経営に役立つMS　30
経営に役立つための内部監査　29
経営プロセス　54
計画　91
検査プロセス　73、76
検証活動(食品安全)　161
検証可能な監査証拠　36
現場　30
現場監査　35、43
　——準備　33
　——での確認事項(食品安全)　160
　——での目のつけどころ
　　(EMS)　104
　　(IATF 16949)　180
　　(ISMS)　117
　　(QMS)　70
　　(労働安全衛生)　138
現場主導型　42
現場パトロール　79
コアツール　177
厚生労働省「安全衛生に関するQ&A」　190
工程性能指標　178
購買プロセス　73、77
顧客からの貸与物　118
顧客固有要求事項(CSR)　172、176
顧客満足度　81
個人情報保護法関連のガイドライン・Q&A　189
コミュニケーション　102、103
　——エラー　194
コントロールプラン　181

[サ行]
サイバー攻撃　107、124
　——の種類　125
　——への対処法　124
再発防止　26
　——の水平展開　100
サーベイランス(定期審査)　19
残業　195
支援　101
　——プロセス　54
事業継続　28
　——計画　119
事業上のリスクアセスメントの有効性検証　116
事業プロセス　11、15、54
　——と規格要求事項　53、54、55
　——と統合したEMSプロセス(例)　89
　——にXXX MS要求事項を統合　15
　——にマネジメントシステム要求事項を統合する　14
　——(例)　12
自己監査　39
仕事　194、195
　——の優先順位　194
事前評価の視点での検証　114
持続可能な開発　86
質問　74
　——アウトプットからのアプローチ　74
　——運用方法に対するアプローチ　74
　——人的資源に対するアプローチ　75
　——評価指数に対するアプローチ　75
　——物的資源に対するア

プローチ　75
事務局主導型　42
受注プロセス　72、77
順守義務　93
　――を果たす　87
順守評価　98
食品許容水準、許容限界と処置基準　162
省エネ法改正にかかるQ&A　187
消費生活用製品安全法　66
情報収集ツール　34
情報セキュリティ関連サイト　189
情報セキュリティ関連の法律・ガイドライン　109
情報セキュリティリスクアセスメント　116
職場環境のあり方　202
食品安全上問題となった事故・事件事例　148
食品安全に関係する国の規制　151
食品安全マネジメントシステム（ISO 22000、FSSC 22000、JFS-C）　147、148
　――が必要な理由　147
食品衛生法　66
食品回収　163
食品工場での失敗事例　163
食品添加物関連制度・FAQ・法令　190
食品表示　168
　――関連通知・Q&A・ガイドライン　190
食品防御　167
女性の活用　201
迅速な意思決定　3、28
スキャンダル　27
製品安全に関係する法律　66
製造工程監査　179
製造プロセス　74、77
静的な視点から動的な視点での検証　114
静的な状況　112
製品の廃棄　167
製品又はサービス　51
セキュリティ対策　122
是正処置　62
　――（再発防止）　46
設計プロセス　72、77
設備　48、49
設備の導入、変更があった場合の確認事項　159
全社のプロセス　13
専門職を活用　201
測定　48、49
組織　11
組織及びその状況の理解　87
組織が行動を起こすきっかけ　27
組織自体が規定した要求事項　67
組織の事業プロセス　8、14、17
組織の状況　87
組織の知識　57、69

［タ行］

第三者監査　44
対話形式の内部監査　120
他者監査　39
タートル図　70
中国サイバーセキュリティー法　205
中小規模の組織での事故および対策（例）　62
適合性　67
手順(Method)　48、49
手順（書）　49
電気用製品安全法　66
統合　14

道路運送車両法　66
特殊特性　173
トップマネジメント　15、56
取組みの計画策定　94、95

［ナ行］

内部監査　17、18、20、22、25、44、98
　――員　17、22、43、157
　――員の力量　43、177
　――での重点監査項目　25、38、45、78、108
　――の計画　38、40
　――のシナリオ　158
　――のチェックリスト　23、33、39、42、71、87
　　（IATF 16949）　184
　　（ISMS）　120
　　（QMS）　71
　　（労働安全衛生）　141
　――のポイント（食品安全）　155
　――の本質　18
　――の本質的な価値　21
　――の目的　7
　――の要点　16
　――への理解　23
二段階監査　38
認識　102
熱中症　140

［ハ行］

働き方改革　23
バックキャスティング　76
　――手法　71
パフォーマンス指標(KPI)　105、133

パフォーマンス評価　97
パリ協定　83、85
被監査者　24
飛翔虫対策　168
ヒューマンエラーの予防のチェックリスト　190
評価　58
品質関係のガイド、海外規制などのサイド　188
品質偽装　25
品質マネジメントシステム　47
　――が必要な主な背景　60
　――の主な要求事項　51
品質目標　57
附属書SL　18
不適合及び是正処置　100
不適合の検出　46
プロセス　9、10、11、13、47、48
　――アプローチ　47、50、174
　――オーナー　49
　――管理　90、96
　――定義　175
　――の理解　184
　――マップ　174
文書化した情報　103
文書レビュー　33
ベストプラクティス事例におけるチェックリスト　78、105、121、144、162、185
　（EMS）　105
　（IATF 16949）　185
　（ISMS）　121
　（QMS）　78
　（食品安全）　162

（労働安全衛生）　144
変化点に対する視点、検証　115、118
変更管理　57、96
法令要求事項　63
　――への対応　139
本業に関するプロセスを検証するためのチェックリスト　76
本来の事業プロセスとISOのマネジメントシステムの一体化　169

[マ行]

マネジメントレビュー　99
　――のアウトプット　91
未然防止　26
無形の情報　32
メールなど　196
メンタルヘルス　130

[ヤ行]

薬事法　66
有害物質を含有する家庭用品の規制に関する法律　66
有形と無形　31
有形の情報　34
有効性　67、68
よくある質問集（Q&A）　187
横並び　27

[ラ行]

ライフサイクルの視点　92、96
ライフデザイン　195
ライフワーク　195

利害関係者のニーズ及び期待　55
　――の理解　87
力量　101
リスク　4、29、196
　――アセスメント　110
　――アセスメントの様式例　134
　――の予防　196
リスク及び機会　56
　――への対応　56、57、62
リスク低減策の優先順位　141
リスクと管理策　110
リスクの未然防止、予防　25、196
リーダーシップ及びコミットメント　56、90
労働安全　203
　――衛生（ISO 45001）関連サイト　190
　――衛生マネジメントシステムが必要な理由　129
　――衛生マネジメントシステムに固有の是正処置　142
　――衛生リスクとPDCA　136
　――衛生リスクの評価　133
　――に直接・関連に関係する法令　131
労働災害　129
労働生産性の向上　23

[ワ行]

ワークライフバランス　195

編著者・著者紹介

内藤壽夫(ないとう　かずお)(担当：まえがき、第1章、2.6節、4.1～4.4節、9.2節、9.3節、コラム③、コラム④)　編著者

　㈱ブリヂストン研究部長を経て内藤技術士事務所所長、CEAR登録主任審査員、JRCA登録主任審査員。産業環境管理協会エコリーフ環境ラベル外部データ検証員、同システム認定審査員。研修講師。

元廣祐治(もとひろ　ゆうじ)(担当：第3章、コラム⑤、コラム⑩)　編著者

　松下電器産業㈱(現パナソニック社)を経て元廣祐治ISO研究所代表。研修講師、審査員、コンサルタントとして活躍中。CEAR登録主任審査員、JRCA登録主任審査員、JRCA登録ISMS主任審査員、IRCA登録OH&S審査員補。

平林良人(ひらばやし　よしと)(担当：2.1節)

　セイコーエプソン㈱英国工場取締役工場長を経て、現在㈱テクノファ取締役会長、ISO/TC176(品質)、ISO/TC207(環境)、ISO/TC283(労働安全衛生)国内委員会委員、(一社)日本品質管理学会標準委員会委員、(一社)環境プラニング学会副会長。

青木恒享(あおき　つねみち)(担当：2.2節)

　1999年㈱テクノファ入社、2007年同社取締役、その後常務取締役を経て、2013年より同社代表取締役。

市川章(いちかわ　あきら)(担当：2.3節、4.5節、9.3節)

　大手食品メーカーに勤務。工場生産設備、ユーティリティ施設の保全管理業務に従事。1986年よりTPMコンサルタントとして工場生産設備の改善活動の支援業務に従事し、延べ40数社の指導実績。CEAR登録主任審査員。PMプログレス代表。

鈴木浩二(すずき　こうじ)(担当：2.4節)

　㈱マネジメントシステム評価センター　登録部長。1999年よりQMS審査に従事。一般社団法人日本能率協会審査登録センター審査部長を経て、2018年4月より現職。JRCA登録主任審査員、CEAR登録主任審査員。

清水豊彦(しみず　とよひこ)(担当：2.5節)

　大手繊維加工メーカーを経て清水技術士事務所代表。CEAR登録主任審査員、JRCA登録主任審査員。

中根浩次(なかね　こうじ)(担当：第5章)

日清紡績(株)(現日清紡ホールディングス)を経て中根技術経営研究所代表。研修講師、審査員、コンサルタントとして活動中。CEAR登録主任審査員、JRCA登録QMS・ISMSエキスパート・クラウドセキュリティ審査員、IRCA登録OH&S主任審査員、他。

崎山利夫(さきやま　としお)(担当：第6章)

NKK(現JFE)にて、研究、製品管理、品質保証に従事。審査登録機関で業務部長、審査技術部長を経て独立。現在、品質、環境、労働安全衛生、情報セキュリティの主任審査員。創発MS研究所代表。

加藤奈美(かとう　なみ)(担当：7.1～7.4節、コラム①、コラム②、コラム⑥、コラム⑦、コラム⑧)

航空会社に勤務後、食品会社の品質保証部ISO推進室に勤務。JRCA登録FSMS主任審査員、FSSC 22000主任審査員、JFS-C主任審査員、JRCA登録QMS主任審査員、CEAR登録EMS主任審査員、CEMSAR登録EnMS主任審査員、OHSMS審査員。

富井勉(とみい　つとむ)(担当：7.5節)

総合食品メーカーにて総務、工場、直営店舗、製品・原材料仕入れ、生産と販売調整などを担当後、組織内へのISOの構築と定着を担当。現在、JRCA登録主任審査員、JRCA登録食品安全マネジメントシステム主任審査員。

生垣展(いけがき　まこと)(担当：第8章)

総合電機メーカー(㈱東芝およびグループ会社)にてディスプレイ・デバイス(ブラウン管・液晶)、二次電池(Ni-MH、Li-ion)の開発・設計、製造、応用技術を担当後、現在、ISO認証組織にてQMS、EMS主任審査員およびIATF審査員。

石井順子(いしい　じゅんこ)(担当：9.1節)

㈱テクノファ研修事業部部長代理。環境関係研修企画、コンテンツ等の作成に従事。

中村玲子(なかむら　れいこ)(担当：コラム⑨)

大手食品会社を経て、CEAR登録主任審査員、JRCA登録審査員、食品安全マネジメントシステム審査員補。

内部監査のためのマネジメントシステムの重要ポイント
ISO 9001・ISO 14001・ISO/IEC 27001・FSSC 22000・ISO 45001・IATF 16949対応

2018年10月23日　第1刷発行

編著者	内藤 壽夫	元廣 祐治
著者	平林 良人	青木 恒享
	市川 章	鈴木 浩二
	清水 豊彦	中根 浩次
	崎山 利夫	加藤 奈美
	富井 勉	生垣 展
	石井 順子	中村 玲子

発行人　戸羽 節文

検印
省略

発行所　株式会社 日科技連出版社
〒151-0051　東京都渋谷区千駄ヶ谷5-15-5
　　　　　　DSビル
　　　　　電　話　出版 03-5379-1244
　　　　　　　　　営業 03-5379-1238

印刷・製本　株式会社中央美術研究所

URL　https://www.juse-p.co.jp/

Printed in Japan

© Kazuo Naitoh et al. 2018
ISBN 978-4-8171-9656-9

本書の全部または一部を無断で複写複製(コピー)することは、著作権法上での例外を除き、禁じられています。